Nils Schiffhauer

# Scanner

UKW-Sprechfunk-Empfänger
Informationen & Testberichte



Siebel Verlag

Die Deutsche Bibliothek – CIP-Einheitsaufnahme

**Schiffhauer, Nils:**
Scanner : UKW-Sprechfunk-Empfänger ; Informationen & Testberichte / Nils Schiffhauer. – 2. Aufl. – Meckenheim : Siebel, 1993
ISBN 3–922221–63–7

**ISBN 3–922221–63–7**

2. Auflage 1993



Herstellung: betz-druck gmbh, Darmstadt-Arheilgen

# Inhaltsverzeichnis

**Geräteteil – Testberichte**

# Vorwort

Ehrlich gesagt hat es mich immer ein wenig geniert, wenn mir Anzeigen für dieses Buch mit der dicken Zeile „Verboten!" entgegensprangen. Aber das hat weder den Bemühungen um eine Scanner-Legalisierung Abbruch getan, noch etwa dem Verkauf dieses „Bestsellers", der jetzt in der 2. und wesentlich erweiterten Auflage vorliegt. Erfreulicherweise sind auch nun die Zeiten des „Verboten!" vorbei – die BMPT-Verfügung 115/1992 erlaubt zum ersten Mal seit 70 Jahren in Deutschland hinsichtlich der Frequenzbereiche für Rundfunkempfänger „Freie Fahrt". Dennoch ist nach wie vor eine Zulassung solcher Geräte erforderlich, die bisher nur wenige Scanner haben. Auch ist mit der Freigabe nicht automatisch das Abhören von z.B. Polizeifunk oder Katastrophendienst erlaubt. Das steht nach wie vor – außer für bestimmte Behörden – unter Strafe. Gestattet ist aber nun der Empfang des osteuropäischen OIRT-Rundfunkbandes. Ebenso kann der Hörer an den interessanten Ausbreitungsmöglichkeiten des 6-m-Bandes und des u.a. in Großbritannien zugelassenen Amateurfunk-Frequenzbereiches um 70 MHz teilnehmen.

Die Fernmeldebehörde hat zu dieser Liberalisierung lange Zeit benötigt, und es gab auch immer wieder Rückschläge. Um so anerkennenswerter ist daher, daß sie sich vor kurzem selbst an die Spitze setzte, um gegen die Vorbehalte anderer Nutzer zu dieser Freiheit zu gelangen. Dieses progressive Vorgehen wäre ohne Ministerialrat Heinz Einmahl nicht denkbar, der so manchem Bedenkenträger beim „Schattenspringen" mächtig und prächtig geholfen hat. Obwohl von Anfang an beteiligt, hat hinterher nur der Bundesbeauftragte für den Datenschutz gekniffen und sich in der Öffentlichkeit gegen die Freigabe ausgesprochen – mit dem abwegigen Argument, daß dadurch Verstoße gegen das Fernmeldegeheimnis de facto leichter würden. Dieses Fernmeldegeheimnis aber ist nicht durch ein paar Lauscher an der Ätherwand gefährdet, sondern durch die systematische Überwachung allen Funkverkehrs durch staatliche Stellen – allen voran der Bundesstelle für Fernmeldestatistik, die für die verschiedenen Geheimdienste ohne Rücksicht auf dieses Fernmeldegeheimnis Informationen sammelt. Das zufällige Abhören, das nicht einmal das Fernmeldeanlagen-Gesetz unter Strafe stellt, nimmt sich dagegen harmlos aus.

Das aber soll den Lesern die Freude an ihrem Hobby nicht vergällen. Nachfolgend finden Sie also eine ausführliche Einführung zu verschiedenen Aspekten des Themas „Scanner" sowie eine pralle Produktübersicht der immer leistungsfähiger werdenden Empfänger.

Nils Schiffhauer M.A., DK8OK

# Was ist überhaupt ein Scanner?

Unter dem Begriff „Scanner" faßt man vielerlei Arten von Empfängern zusammen, die eine Gemeinsamkeit haben: sie verfügen über irgendeinen Frequenzabschnitt oberhalb der höchsten Kurzwellenfrequenz von 30 MHz. Je nach Ausführungsform unterscheidet man dann zwischen Hand-, Mobil- und Tischscannern. Noch vor wenigen Jahren waren Empfänger für Kurzwelle (unter 30 MHz) und VHF/UHF/SHF (über 30 MHz) streng getrennt. Dafür gab es zum einen rein technische Gründe, zum anderen aber ist der Betrieb – oft sogar der Besitz – in vielen Ländern recht unterschiedlich geregelt. So fiel in Deutschland erst 1992 eine entsprechende Technische Vorschrift, nach der „Otto Normalverbraucher" einen Scanner mit seinem beinahe unendlich großen Frequenzbereich nicht zum Empfang bereithalten durfte.

Den Scanner-Markt in der BRD umgab daher jahrelang der Ruch des Gesetzlosen. Obwohl bis zur Scanner-Freigabe etwa 400.000 dieser Geräte illegal in Betrieb waren, gab es kaum einen offenen Markt für diesen Bereich. Und wie in jedem grauen Markt wirkten sich auch ansonsten übliche Marktmechanismen – Konkurrenz um Preise und Leistungen – so gut wie gar nicht aus. Seit der Freigabe ist nun auch hier Bewegung in Preise, Qualitäten und Verfügbarkeit gekommen.

Diese Öffnung geht einher mit einem ziemlichen Qualitätssprung der Scanner. Die haltlos überteuerten Empfänger in diskutabler Qualität verschwinden allmählich. Der Trend geht zum hochwertigeren Scanner und zu Preisen, die seiner Leistung in den meisten Fällen auch durchaus gerecht werden. Dank der rasanten Fortschritte in Entwicklung und Fertigung der Elektronik-Wunderkisten verschwindet auch immer mehr die Grenze zwischen Kurzwelle und den höheren Frequenzen. Mittlerweile sind bereits Handscanner erhältlich, die auch den Kurzwellenbereich – zumindest teilweise – mit abdecken. Nach wie vor aber sind die Scanner auf den Frequenzbereich oberhalb von 30 MHz spezialisiert.

In diesen Frequenzbereichen werden auch an den Betrieb und die Bedienung eines Empfängers gänzlich andere Anforderungen gestellt als an normale Rundfunkempfänger. Während auf der Kurzwelle die Stationen dicht an dicht sitzen, so sehen wir uns oberhalb von 30 MHz selbst in Ballungsgebieten einer relativen Leere gegenüber. Auf dem Lande oder in der Provinz sind die Frequenzen dann natürlich noch weniger belegt als in den Ballungsgebieten. Da es sich bei der

Kommunikation in diesen Bereichen zumeist um Sprechfunk handelt – also nicht um Rundfunk! –, sind die einzelnen Kanäle auch immer nur für recht kurze Zeit belegt. Hier schafft nur eine Automatik Abhilfe – der automatische Suchlauf. Dieser ist auch das Hauptkennzeichen der Scanner, denn „to scan" ist Englisch und heißt im Deutschen nichts anderes als „absuchen, abtasten, überfliegen". Damit stiftet also eine Eigenschaft eines solchen Spezialempfängers den Namen für eine ganze Gruppe von Geräten. Auch bei aller technischen Entwicklung bleibt der automatische Suchlauf nach wie vor ein wichtiger Punkt beim Scanner-Kauf. Entscheidend ist beispielsweise seine Geschwindigkeit: wieviele Kanäle horcht er automatisch in einer Sekunde ab? Weitere wichtige Punkte sind: stoppt er nur bei aktiven, mit Sprechfunk belegten Kanälen oder bei unmodulierten Signalen wie Pfeiftönen? Und mit Computerhilfe läßt sich bei vielen Scannern noch vor Jahren Unglaubliches herausholen – beispielsweise lassen sich komplette Belegungspläne nach Zeit, Frequenz und Signalstärke erstellen. Damit kann selbst der Amateur – wie die professionelle Funkaufklärung – komplette Belegungs- und Aktivitätsprofile beliebiger Frequenzabschnitte dokumentieren.

## Was sendet alles im Scanner-Bereich?

Betrachtet man nur den Frequenzbereich oberhalb von 30 MHz, so lassen sich mit Spitzenscannern noch Frequenzen um 2.000 MHz herum einstellen – das sind 2 Gigahertz. Die meisten Aktivitäten aber spielen sich im Bereich unter 1 GHz, ja sogar unter 500 MHz ab. Zunehmend aber werden auch Frequenzen um 1 GHz und höher erschlossen – man denke an die schnurlosen Telefone, deren neue Generation auf 80 Kanälen im Frequenzbereich zwischen 885 und 930 MHz arbeitet. Zukünftige Dienste – besonders im mobilen Telefonbereich – werden sicherlich oberhalb von 1 GHz arbeiten, und auch für den zukünftigen CB-Funk sind die hohen Frequenzen im Gespräch.

Die nachfolgende, unvollständige, Übersicht listet einige Dienste mit den ihnen zugeteilten Frequenzbereichen auf. Unsere Übersicht ist gleichzeitig kommentiert und enthält einige Hinweise zu Betriebsarten und -technik sowie Besonderheiten, die beim Empfang wichtig sind. Eine wesentlich ausführlichere Zusammenfassung enthält das

**„UKW-Sprechfunk-Handbuch"**
**VHF/UHF-Frequenzliste 30 MHz – 400 GHz**

von Wolf Siebel, erschienen im Siebel Verlag (siehe Leserservice am Ende des Buches).

Für Rundfunk- und Fernseh- sowie Zuspielsender zwischen 40 und 108 MHz aus Europa, dem Mittleren Osten und Nordafrika bietet einen nahezu maßgeschneiderten Überblick die FMLIST, die als aktueller Ausdruck nach verschiedenen Kriterien sortiert von Günter Lorenz, Mittlerer Graben 35-37, D-8050 Freising lieferbar ist.

Die generellen Nutzungsmöglichkeiten des gesamten Frequenzspektrums kann man dem vom Bundesministerium für Post und Telekommunikation (Postfach 80 01, D-5300 Bonn 1) herausgegebenen und an jedem Postschalter erhältlichen Taschenbuch „Frequenz-Zuweisungsplan für die Bundesrepublik Deutschland mit Berlin (West) und internationale Zuweisung der Frequenzbereiche 9 kHz – 400 GHz" entnehmen. Aus diesem Handbuch wurde das Farbplakat „Frequenzbereichs-Zuweisungen der Bundesrepublik Deutschland mit Berlin (West)" von der Post entwickelt – erhältlich ebenfalls an jedem Postschalter. Aber: die beiden Post-Veröffentlichungen enthalten nur die Zuweisungen nach Diensten, nicht jedoch Frequenzaufstellungen beispielsweise für das Rote Kreuz Gelsenkirchen oder die Bereitschaftspolizei in Stuttgart!

## *Rundfunk*

Der Frequenzbereich von 87,5 – 108 MHz ist in der BRD dem UKW-Rundfunk zugeteilt. Der Kanalabstand der Sender beträgt nominal 100 kHz. Durch geografische Entzerrung wird jedoch versucht, einen Abstand von mindestens 300 kHz einzuhalten. Die Rundfunksendungen werden in FM – teilweise mit Zusatzinformationen – ausgestrahlt und sind in der Einstellung „FM-breit" zu empfangen.

In vielen osteuropäischen Ländern ist zusätzlich der Bereich von 68 – 73 MHz dem FM-Rundfunk zugeteilt. Bei entsprechenden Empfangsbedingungen können auch in diesem sogenannten OIRT-Band Rundfunksender gehört werden.

Erst in der Diskussion ist ein Frequenzbereich für den direkten Digitalrundfunk, der sich wohl um 112 MHz herum abspielen wird – allerdings kaum vor 1995.

In manchen europäischen Regionen wird der Bereich unter dem eigentlichen UKW-Band – also unter 87,5 MHz – auch für rundfunk-ähnliche Aussendungen benutzt. Beispielsweise für die Übertragung von Hintergrundmusik für Supermärkte und Arztpraxen. Auch finden sich hier vereinzelt Zuspiel-Frequenzen für Rundfunksender.

Eine detaillierte Aufstellung der deutschen Rundfunksender finden Sie im Buch „Rundfunk auf UKW" von Günter Lorenz und Wolf Siebel, erschienen im Siebel Verlag (siehe Leserservice am Ende des Buches), sowie im „Verzeichnis der Ton-

und Fernseh-Rundfunksenderstellen" des Fernmeldetechnischen Zentralamtes (Postfach 50 00, D-6100 Darmstadt, Bezug über jeden Postschalter) und im Werk „Hörfunk- und Fernsehsender in der Bundesrepublik Deutschland" der Meß- und Empfangsstation Wittsmoor des Norddeutschen Rundfunks (Bezug: NDR, Rothenbaumchaussee 132, D-2000 Hamburg 13). Über Rundfunksender, Zuspielfrequenzen und Fernseh-Tonkanäle in Europa, dem Mittleren Osten und Nordafrika informiert sehr detailliert und oft vor Ort recherchiert die FMLIST (Bezug: Günter Lorenz, Mittlerer Graben 35-37, D-8050 Freising). Diese Zusammenstellung enthält – nach Ländern geordnet – auch jeweils aktuelle Informationen über die Rundfunksender im OIRT-Band.

## *Fernsehen*

Große Teile des Frequenzspektrums zwischen 30 MHz und 1 GHz sind mit Fernsehsendern belegt. Der Kanalabstand beim Fernsehen beträgt nominal 7 bzw. 8 MHz. In diesem Band finden zwei Tonträger und ein Bildträger Platz.

Ein Beispiel: der Fernsehkanal 21 erstreckt sich von 470 bis 478 MHz. Der Bildträger befindet sich auf 471,25 MHz (+ 1,25 MHz von der unteren Kanalgrenze), der erste Tonträger auf 476,75 MHz (5,5 MHz Abstand vom Tonträger), der zweite Tonträger auf 476,992 MHz (1,008 MHz Abstand von der oberen Bandgrenze). Der FM-Frequenzhub liegt bei +/-30 kHz für das Tonsignal, was u.U. den Einsatz schmalerer Bandbreiten für den Tonempfang ermöglicht. Dadurch lassen sich bessere Signal-/Rauschabstände erzielen und auch noch sehr schwache Signale aufnehmen.

Neben dieser Aufteilung eines Fernsehkanals gibt es auch noch verschiedene Varianten. So beträgt beispielsweise in der amerikanischen Norm (AFN-TV!) der Abstand von Bild- und Tonträger nicht 5,5 MHz, sondern 4,5 MHz – ganz abgesehen von den unterschiedlichen Farbsystemen. Ein Fernsehempfänger bzw. ein Scanner mit Monitor-Ausgang ist in aller Regel nur auf eine Norm ausgerichtet. Wird eine andere Norm empfangen, so können meistens Bild und Ton nur getrennt gesehen bzw. gehört werden.

Aber nicht nur die Verteilung von Bild- und Tonkanälen innerhalb eines Fernsehkanals unterscheidet sich von Norm zu Norm, auch für die Position der Kanäle im Spektrum selbst gibt es verschiedene Regionen und damit auch verschiedene Möglichkeiten. Für alle Systeme gilt im übrigen, daß von den Normfrequenzen zur Reduzierung von Störungen in Gleichkanalnetzen in genau definiertem Maße abgewichen werden kann. Dieser sog. „Offset" beträgt beispielsweise in unserer PAL-Norm bis zu + oder - 15,625 kHz und entspricht damit exakt einer Zeilenfrequenz.

*Sendemast des belgischen Senders Lüttich. (Foto: BRF)*

Die für das Fernsehen zur Verfügung stehenden Frequenzen sind in Deutschland in die „Bereiche" I (47 – 68 MHz, VHF), III (174 – 223 MHz, VHF) und IV/V (470 – 790 MHz, UHF) unterteilt. Die so beliebten Überreichweiten, die Fernsehempfänge aus ganz Europa – und darüber hinaus! – bringen können, sind hauptsächlich im Bereich I, aber auch im Bereich III zu beobachten. Da sich in anderen europäischen Ländern der untere Fernsehbereich bis in unseren UKW-Rundfunkbereich erstreckt und hier ebenfalls mit Überreichweiten gerechnet werden kann, sind nachfolgend die Tonfrequenzen der europäischen Fernsehkanäle bis etwa 230 MHz aufgelistet. Der Empfang erfolgt durch Einstellung auf den genannten Tonträger in der Betriebsart FM-breit. Bei einem evtl. angeschlossenen Monitor auf den Bild-/Tonabstand achten und auch darauf, daß selbst bei zufriedenstellendem Ton nicht immer ein Bild zu sehen ist. Übliche Fernsehgeräte nach Postnorm müssen diesen reinen Tonempfang ohne gleichzeitigen Bildempfang unterdrücken, damit nicht versehentlich oder absichtlich andere Sender gehört werden, die im Abstimmbereich des Fernsehgerätes arbeiten (z.B. Eisenbahnfunk).

Eine detaillierte Aufstellung der deutschen Fernsehsender enthalten die Jahrbücher: „Verzeichnis der Ton- und Fernseh-Rundfunksenderstellen" des Fernmeldetechnischen Zentralamtes (Postfach 50 00, D-6100 Darmstadt, Bezug über jeden Postschalter) sowie das Werk „Hörfunk- und Fernsehsender in der Bundesrepublik Deutschland" der Meß- und Empfangsstation Wittsmoor des Norddeutschen Rundfunks (Bezug: NDR, Rothenbaumchaussee 132, D-2000 Hamburg 13). Über deutsche und internationale Fernsehsender informiert ausführlich das Kapitel „World Television" des englischsprachigen Rundfunk-und Fernseh-Jahrbuches „World Radio TV Handbook" (Bezug in der BRD u.a. über den Siebel Verlag, siehe Leserservice am Ende des Buches). Die FMLIST (Bezug: Günter Lorenz, Mittlerer Graben 35-37, D-8050 Freising) beschränkt sich beim Fernsehen auf die Tonkanäle und erfaßt den Bereich von 40 MHz bis 108 MHz.

**Norm B/Kontinental-Europa ohne Frankreich, Monaco, Italien und Osteuropa**

| Kanal | Tonträger-Frequenz |
|---|---|
| E-2 | 53,75 MHz |
| E-2A | 55,25 MHz |
| E-3 | 60,75 MHz |
| E-4 | 67,75 MHz |
| E-5 | 180,75 MHz |
| E-6 | 187,75 MHz |
| E-7 | 194,75 MHz |
| E-8 | 201,75 MHz |
| E-9 | 208,75 MHz |
| E-10 | 215,75 MHz |
| E-11 | 222,75 MHz |
| E-12 | 229,75 MHz |

**System D/ Osteuropa**

| Kanal | Tonträger-Frequenz |
|---|---|
| R1 | 56,25 MHz |
| R2 | 65,75 MHz |
| R3 | 83,75 MHz |
| R4 | 91,75 MHz |
| R5 | 99,75 MHz |
| R6 | 181,75 MHz |
| R7 | 189,75 MHz |
| R8 | 197,75 MHz |
| R9 | 205,75 MHz |
| R10 | 213,75 MHz |
| R11 | 221,75 MHz |
| R12 | 229,75 MHz |

**Norm B/Italien**

| Kanal | Tonträger-Frequenz |
|---|---|
| A | 59,25 MHz |
| B | 67,75 MHz |
| C | 87,75 MHz |
| D | 180,75 MHz |
| E | 189,25 MHz |
| F | 197,75 MHz |
| G | 206,75 MHz |
| H | 215,75 MHz |
| H1 | 222,75 MHz |

**System L/Frankreich, Monaco**

| Kanal | Tonträger-Frequenz |
|---|---|
| 2 | 55,75 MHz |
| 3 | 60,50 MHz |
| 4 | 63,75 MHz |
| 5 | 182,50 MHz |
| 6 | 190,50 MHz |
| 7 | 198,50 MHz |
| 8 | 206,50 MHz |
| 9 | 214,50 MHz |
| 10 | 222,50 MHz |

# Amateurfunk

Zwischen 30 MHz und 1,3 GHz liegen vier Frequenzbereiche, in denen deutsche Funkamateure – zum Teil mit bestimmten Auflagen – arbeiten dürfen. Es handelt sich dabei um folgende Bänder:

| | |
|---|---|
| 6-m-Band | 50 – 54 MHz |
| 2-m-Band | 144 – 146 MHz |
| 70-cm-Band | 430 – 440 MHz |
| 23-cm-Band | 1.240 – 1.300 MHz |

Den britischen Funkamateuren ist außerdem noch der Bereich 70 – 70,5 MHz sende- und empfangsseitig zugeteilt; deutsche Funkamateure dürfen auf diesem Band nur empfangen.

Die Nutzung dieser Bänder ist sehr vielfältig und reicht vom Kontakt zum Nachbarn in FM bis hin zu fast weltweitem Verkehr über Amateurfunk-Satelliten in SSB. Neben Sprechfunk haben verstärkt auch digitale Betriebsarten wie Funkfernschreiben, Bildfunk (FAX, SSTV) sowie vor allem Packet Radio Anwendung gefunden. Selbst Amateurfunk-Fernsehbetrieb (ATV) wird in diesen Bereichen abgewickelt. Der Kontakt erfolgt entweder direkt – von Station zu Station – oder indirekt unter Einschaltung einer Amateur-Relaisfunkstelle. Diese steht meistens auf einem Berg oder Turm und wird auf einer bestimmten Frequenz angefunkt. Dann gibt sie das Sendesignal verstärkt auf einer anderen Frequenz wieder aus. Der Vorteil: durch den erhöhten Standort und die oft auch höhere Leistung der Relaisfunkstelle vergrößert sich der Radius einer Mobil- oder Portabelstation erheblich.

Als Scanner-Hörer hat man die besten Empfangserfolge auf den Ausgabefrequenzen dieser Relaisfunkstellen sowie auf den Anruffrequenzen der Bänder. Besonderheiten: das 6-m-Band ist bei uns nur für Telegrafie (Morsen, CW) sowie SSB-Sprechfunk ohne Relaisfunkstellen zugelassen und ein nur bei guten Ausbreitungsbedingungen gut belegtes Band. Das 23-cm-Band ist selbst in den Metropolen oft nur dünn belegt; dieses Band stellt auch gewisse Anforderungen an die Antenne und die Empfänger-Empfindlichkeit. Eine gute Testmöglichkeit für Antenne und Empfänger bieten auch die Bakensender in diesen Bereichen, die kontinuierlich Testfolgen ausstrahlen. Der „RICOFUNK-Amateurfunkkatalog" (Bezug: stabo Elektronik GmbH & Co KG, Münchewiese 14-16, 3200 Hildesheim) enthält in einem Service-Anhang nicht nur die ausführlichen „Bandpläne" auch dieser Bänder, sondern darüber hinaus eine Auflistung von Bakenfrequenzen auf allen Amateurfunkbändern (sogar für 70 MHz!). Allgemeine Informationen über den Amateurfunk sind vom Deutschen Amateur-Radio-Club e.V. (Postfach 11 55, D-3507 Baunatal 1) erhältlich.

Als „Erste Hilfe" für Scanner-Besitzer folgen hier die (FM-)Anruf- sowie Relaisausgabe-Frequenzen der drei hier zugelassenen Bänder; hier erzielt man sehr schnell gute Empfangsergebnisse.

## 6 m

Laut Bandplan liegt das „Telegrafie-Zentrum" bei 50,090 MHz und das „SSB-Zentrum" bei 50,200 MHz. Tatsächlich aber spielt sich bei entsprechenden Bedingungen die hauptsächliche Aktivität in Telegrafie und SSB zwischen 50,1 und 50,2 MHz ab; der Bereich zwischen 50,020 und 50,080 MHz ist für Baken (Telegrafie) reserviert.

Sogenannte „Anruffrequenz" ist 50.110 MHz: interessierte Funkamateure haben ihren Empfänger fast ganztägig auf dieser Frequenz laufen. Ergeben sich Ausbreitungsmöglichkeiten, so wechseln sie dann zum eigentlichen Funkgespräch auf eine andere (höhere) Frequenz.

## 70 MHz

Erwünschte Nutzung laut Bandplan: 70 – 70,075 MHz Telegrafie und Bakensender, 70,075 – 70,2 MHz Telegrafie und SSB, 70,225 – 70,4 MHz alle Betriebsarten, 70,4 – 70,5 MHz FM-Sprechfunk (FM-schmal).

## 2 m

FM-Anruffrequenz: 145,500 MHz; Relais-Ausgabefrequenzen von 145,6 – 145,775 MHz (7 Kanäle) in 25 kHz Abstand (FM-schmal). Die Eingabefrequenz liegt um 600 kHz unter der Ausgabefrequenz.

## 70 cm

FM-Anruffrequenz: 433,5 MHz; Relais-Ausgabefrequenzen von 438,650 – 439,425 MHz im Abstand von 25 kHz (FM-schmal). Die Eingabefrequenz liegt um 7,6 MHz unter der Ausgabefrequenz.

## 23 cm

FM-Bereich: 1.297,475 – 1.297,975 MHz, Raster 25 kHz; Relais-Ausgabefrequenzen von 1.258,150 – 1.259,350 MHz (9 Kanäle) im Abstand von 150 kHz (FM-schmal). Die Eingabefrequenz liegt um 35 MHz über der Ausgabefrequenz.

## Amateurfunksatelliten

Amateurfunksatelliten lassen sich in aller Regel nur mit hohem Empfänger- und Antennenaufwand (nachführbare Kreuzyagi-Antennen) empfangen. Von Zeit zu Zeit gibt es aber auch Amateurfunkbetrieb aus bemannten Satelliten („Space Shuttle", „MIR"), der mit oft guten Signalen auch mit einem Scanner verfolgt werden kann – z.B. auf 143,625 MHz in FM-schmal aus der sowjetischen Raumstation MIR.

Informationen über Amateurfunksatelliten erhalten Sie bei der AMSAT-DL e.V., Im Holderstrauch, D-3550 Marburg).

*Satelliten-Erdefunkstelle Fucino/Italien. (Foto: ANT Nachrichtentechnik)*

## *Wetter-, Zeitzeichen- und Navigationssatelliten*

Im Prinzip lassen sich mit einem – allerdings hochwertigen – Scanner auch Satelliten empfangen. Mit einer Normal-Ausrüstung (Scanner unter 2.000 DM an einer breitbandigen Discone-Antenne) beschränkt sich der tatsächliche Empfang jedoch im wesentlichen auf Wettersatelliten um 136 MHz. Diese senden in der Betriebsart FAX Wetterbilder, die im sichtbaren oder infraroten Spektralbereich aufgenommen wurden. Die Satelliten umkreisen die Erde in einer Höhe von ca. 900 km innerhalb von ca. 100 Minuten. Durch die hohe sog. Winkelgeschwindigkeit verschiebt sich während eines Überfluges die Empfangsfrequenz – daran kann man ziemlich sicher Satellitenempfang erkennen. Für die Mitschrift von FAX-Bildern sind spezielle Zusatzgeräte erforderlich. Wer nicht nur 'mal hören möchte, ob Satellitenempfang überhaupt geht, sondern die Wetterkarten auch nutzen möchte, muß sich eine Spezialausrüstung zulegen (Informationen u.a. bei SSB-Electronic, Panzermacherstr. 5, D-5860 Iserlohn oder UKW-Technik, Jahnstr. 14, D-8523 Baiersdorf). Professioneller Wetterbildempfang im 1,6-GHz-Bereich ist in jedem Fall nur mit einer Spezialausrüstung möglich.

„Schnupperempfang" ist am einfachsten bei den US-amerikanischen NOAA- und den sowjetischen Meteor-Satelliten möglich. Der Empfang auf folgenden Frequenzen: 137,13 MHz, 137,30 MHz, 137,40 MHz, 137,50 MHz, 137,62 MHz und 137,85 MHz.

Noch schwieriger sieht es bei Zeitzeichen- und Navigationssatelliten wie COSNAV, GOES oder GPS aus, hier ist wegen des oft speziellen Modulationsverfahrens („Spread Spectrum" bei GPS – das Signal wird über einen breiten Frequenzbereich gespreizt gesendet) selbst der „Schnupperempfang" mit einem Scanner so gut wie ausgeschlossen. Zum Experimentieren jedoch einige Frequenzen:

| | |
|---|---|
| COSNAV: | 149,1 MHz, 149,94 MHz, 149,97 MHz, 150 MHz und 150,03 MHz |
| GOES: | 468,825 MHz und 468,837 MHz |
| GPS: | 1.575,420 MHz und 1.227,600 MHz |

## *Nicht-öffentliche Funkdienste*

Bei den nicht-öffentlichen Funkdiensten unterscheidet man zwischen festen und mobilen Funkdiensten. Ein typischer fester Funkdienst ist das Funkfernschreibnetz der Landeskriminalämter, während typische Anwendungen des mobilen Funks

Taxiunternehmen oder Feuerwehr sind. Auch Seefunk, Rheinfunk, Flugfunk sowie Autotelefon, Cityruf und Betriebsfunk zählen zu dieser Gruppe.

Für den Betriebsfunk – außer Flugfunk – sind Frequenzen bzw. Frequenzgruppen aus folgenden Bereiche vorgesehen:

34,75 MHz – 34,95 MHz
68,00 MHz – 87,50 MHz (4-m-Band)
146,00 MHz – 174,00 MHz (2-m-Band)
410,00 MHz – 470,00 MHz (70-cm-Band).

Die Verbindungen werden entweder direkt oder über Relaisfunkstellen abgewickelt. Das Frequenzraster (Abstand der Kanäle) beträgt einheitlich 20 kHz in allen Bereichen, die Relaisablage (Unterschied zwischen Eingabe- und Ausgabefrequenz der Relaisstelle) hingegen ist von Band zu Band unterschiedlich und liegt auf 4 m bei 9,8 MHz, während sie im 2-m-Band bei 4,6 MHz und auf 70 cm bei 10 MHz liegt. Die Betriebsart ist FM-schmal.

Eine Ausnahme bildet der Flugfunk, der im Raster von 25 kHz in der Betriebsart AM abgewickelt wird.

Ausführliche Informationen über die Frequenzzuteilung der einzelnen Dienste einschließlich der „Behörden und Organisationen mit Sicherheitsaufgaben" (BOS, z.B. Polizei) enthält das „UKW-Sprechfunk-Handbuch", erschienen im Siebel Verlag (siehe Leserservice am Ende des Buches).

In Deutschland stellt der Empfang aller dieser nicht-öffentlichen Funkdienste einen Verstoß gegen das Fernmeldeanlagengesetz dar und ist bei Strafe verboten! Eine Ausnahme gibt es nur für Beamte beispielsweise des Bundesnachrichten-Dienstes, deren Beruf es ist, u.a. in den verschiedenen „Bundesstellen für Fernmeldestatistik" und anderweitig getarnten Abhörstellen private, geschäftliche und staatliche Kommunikation abzuhören.

Bei Privatleuten jedoch ging die Staatsanwaltschaft in der Vergangenheit wenigstens dort, wo es wenig Aufsehen erregte, mit großem Aufwand (Hausdurchsuchungen mit mehreren Beamten!) gegen Privatpersonen vor. Daß aber auch der Polizeireporter fast jeder Tageszeitung einen Scanner zum Abhören u.a. der Polizei- und Feuerwehrkanäle in Auto und Redaktion stehen hat, ist zwar allgemein bekannt, wird aber früher wie heute ebenso allgemein akzeptiert. Auch von den Anwendern übrigens, die schon 'mal über einen Polizeifunkkanal ihren „Spezis" ein „Frohes Weihnachtsfest" wünschen...

Aber auch in diesen Bändern gibt es Dienste, die von Jedermann abgehört werden dürfen. Dazu zählen die weitgehend kontinuierlich in englischer Sprache ausgestrahlten Wetterfunksendungen (die sog. VOLMET-Sendungen). Auch die Informationen über signifikante meteorologische Erscheinungen (SIGMET-Meldun-

*Luftverkehr wäre ohne Sprechfunktechnik undenkbar. (Foto: Austrian Airlines)*

gen) zählen zu den „Wettersendungen", die empfangen werden dürfen. Sie werden im Bedarfsfall alle 20 Minuten ausgestrahlt. Die wesentlichen Frequenzen sind:

## VOLMET

| | |
|---|---|
| Amsterdam VOLMET: | 126,200 MHz |
| Brüssel VOLMET: | 127,800 MHz |
| Paris VOLMET: | 125,150 MHz |
| Bremen VOLMET: | 127,400 MHz |
| Frankfurt VOLMET 1: | 127,600 MHz |
| Frankfurt VOLMET 2: | 135,775 MHz |
| Berlin-Schönefeld VOLMET: | 128,400 MHz |
| Praha VOLMET: | 128,600 MHz |
| Wien VOLMET: | 126,000 MHz |
| Innsbruck/National VOLMET: | 130,475 MHz |
| Geneva VOLMET: | 126,800 MHz |
| Zürich VOLMET: | 127,200 MHz |

## SIGMET

| | |
|---|---|
| Bremen Information: | 133,550 MHz, 135,700 MHz und 123,200 MHz |
| Düsseldorf Information: | 135,350 MHz und 123,200 MHz |
| Frankfurt Information: | 124,725 MHz, 124,475 MHz und 130,975 MHz |
| München Information: | 126,950 MHz, 127,375 MHz und 123,200 MHz |

Am Beispiel Polizeifunk sollen einige Hinweise zur Verkehrsabwicklung gegeben werden. Andere Funkdienste des BOS-Bereiches (Feuerwehr, Rotes Kreuz etc.) orientieren sich weitgehend an dieser Verkehrsabwicklung, fassen die Funkdisziplin jedoch oft etwas lockerer auf.

## Polizeifunk

Die Polizei setzt Handsprechfunkgeräte, Mobil- und Feststationen entweder direkt oder über Relaisfunkstellen ein. Der hauptsächliche Funkverkehr läuft zwischen Zentrale und den Polizeiautos vorwiegend im 4-m-Band ab. Der Funkverkehr beschränkt sich auf weitgehend codierte Durchsagen. Die Codierung erfolgt durch eine Codierscheibe, mit der insgesamt 100 typischen Vorfällen und Vorgängen (von „Rauschgift" über „Absperrung" bis zu „Schußwaffengebrauch") dreistellige Ziffern zugeordnet sind. Diese sogenannte „Tarnungsschiebung" läßt sich verändern, was aber in der Praxis kaum erfolgt. Vermehrt werden auch Sprachverschleierungs- und Codiergeräte eingesetzt, die die Sprache gezielt verstümmeln („ver-

*Vielkanal-BOS-Sprechfunkgerät FuG 8B (Foto: Pfitzner Teletron)*

würfeln"). Ein Mithören ist dann ausgeschlossen. Bei jedem Druck auf die Mikrofontaste wird eine kurze Kennung gesendet. Auch verfügen einzelne Funkkreise über verschiedene Tonrufregelungen.

Die einzelnen Stationen haben Funknamen, die sich mal landschaftlich („Süntel" für Hameln), mal als Abkürzung („Hanno" für Hannover) mal aus Wunschdenken („Genius" für Wilhelmshaven) ergeben. Die Organisation der „Sprechkreise" folgt streng der Verwaltungsgliederung. Als Beispiel sei hier Niedersachsen genommen:

Dem Niedersächsischen Minister des Inneren („Lagezentrum Adler") sind die Bezirks-, Lage- und Führungszentren der Bezirksregierungen (Braunschweig „Horst", Hannover „Weser", Lüneburg „Luna" und Weser-Ems „Otto") bzw. die Lage- und Führungszentren der Polizeidirektionen (Braunschweig „Bremse" und Hannover „Hanno") zugeteilt. Diesen wiederum sind die Schutz-, Kriminal- und Verkehrs-Polizeiinspektionen unterstellt. Hinzu kommen dann noch Landes- und Anrufkanal sowie Sonderfrequenzen für Eskorten oder „besondere Anlässe". Auch die Polizeischulen üben Funkverkehr, in Niedersachsen ist dafür die Polizei-Ausbildungsstelle für Technik und Verkehr/Niedersachsen (PATVN) zuständig.

Neben dem reinen Sprechfunk setzt sich zunehmend der Datenfunk durch. Durch Freigabe der Scanner besteht jetzt erhöhter Bedarf bei der Beschaffung von Verschlüsselungsgeräten.

# Andere Funkdienste

In den Frequenzbereichen oberhalb von 30 MHz gibt es noch eine Menge anderer Funkdienste – vom Autotelefon über drahtlose Signalanlagen bis zum Schnurlosen Telefon oder dem Taxifunk. Auch die Bundesbahn hat ebenso ein eigenes Funknetz wie beispielsweise die Bundeswehr. Die Förster funken auf der „Funkwelle Forst", und zwischen 156,05 MHz und 157,425 kHz finden wir 57 Kanäle, die für den Seefunk reserviert sind.

Praktisch: Mobiltelefon Handy C9 von Bosch. Foto: Bosch

Die Kommunikation bei diesen Diensten findet oft in offener Sprache statt. So ist der Telefonverkehr in den alten B-Netzen ohne Zusatzgeräte gänzlich unverschlüsselt, während im C-Netz eine sog. „Invertierung" zur Sprachverschleierung eingesetzt wird. Die Umkehrung von tiefen und hohen Frequenzen kann mit einem SSB-fähigen Scanner zumindest behelfsmäßig wieder aufgehoben werden; es sind hierfür auch spezielle Zusätze im Handel. Das Telefonieren mit Schnurlosen Telefonen des heutigen Standards ist überhaupt nicht geschützt. Lediglich für die Verbindung zwischen Hand- und Festteil wird eine Auswahl von jeweils 40 Duplex-Kanälen eingesetzt. Ein guter Scanner sucht sich aber in weniger als 1 Sekunde die jeweils aktiven Kanäle heraus. Bei besonders guten Ausbreitungsbedingungen finden wir – vor allem im Bereich zwischen 30 MHz und 45 MHz überdies noch zahlreiche ausländische Sprechfunkkreise – vom Militärfunk aus dem Nahen Osten in Arabisch oder Hebräisch bis zur Highway Patrol oder einer lokalen Feuerwehr aus den USA.

Die Funkwelt kann also bei intensiver Beschäftigung mit diesem Frequenzbereich außerordentlich vielfältig sein und auch die Erkenntnisse in punkto Wellenausbreitung und Reichweite noch verbessern. Eine Identifizierung der einzelnen Funkkreise stößt jedoch oft auf erhebliche Schwierigkeiten. In aller Regel handelt es sich dabei ja um einen Funkverkehr zwischen Stationen, die einander bestens bekannt sind, die sich also nicht alle Nase lang mit Standort, Adresse, Rufzeichen usw. melden. Manchmal aber gibt es auch hier Glücksfälle, wenn man beispielsweise die Relaisstelle einer US-amerikanischen Autobahnmeisterei empfängt, die in regelmäßigen Abständen ihr Rufzeichen in Telegrafie (Morsezeichen) ausstrahlt.

Da aber in diesem Buch nicht die Empfangs- sondern die Empfängertechnik im Vordergrund steht, wollen wir es bei diesen Hinweisen zu dem, was man empfangen kann, bewenden lassen.

## *Wellenausbreitung: Wie groß ist die Reichweite?*

Die Reichweite eines Senders oberhalb der Kurzwelle hängt von einer Reihe von Faktoren ab. Für die Praxis jedoch genügt zunächst einmal der Grundsatz, daß zwischen Sender und Empfänger eine Sichtverbindung zumindest möglich sein sollte. Je höher die Frequenz ist, desto strenger muß diese Forderung erfüllt sein. Je niedriger sie ist, desto größer ist die Reichweite auch bei ungünstiger Geografie.

Nimmt man die Frequenzen ab etwa 50 MHz, so fällt die ionosphärische Ausbreitung in aller Regel weg. Sie ermöglicht auf Kurzwelle weltweite Funkverbindungen. Im Bereich über 50 MHz herrschen zumeist quasi-optische Bedingungen. Und da man von einem Turm besonders weit gucken kann, kann man von ihm auch besonders weit funken. Wie weit, das hängt vor allem von der Höhe ab. Vorausgesetzt, man selbst befindet sich mit dem Empfänger auf der „Erde" – fährt also beispielsweise eine Straße entlang –, so errechnet man die Reichweite eines Senders (in km!) von beispielsweise um 150 MHz folgendermaßen: Quadratwurzel aus der Höhe des Sendemastes mal 4,13. Ein 100 m hoher Sendeturm blickt dann also genau 41,3 km weit, ein 300 m hoher Fernsehturm schaut dann schon 71,5 km weit ins Land. Das aber sind absolute Mindestwerte, die in der Praxis eher überschritten werden. Hierfür ist u.a. die Beugung der Funkwellen verantwortlich, eine Eigenschaft, die sie gewissermaßen um die Ecke und damit auch hinter den Horizont gucken läßt.

Große Reichweiten werden von Flugzeugen erzielt. Ein in 1.000 m Höhe fliegender Jet ist auch noch im Umkreis von mehr als 130 km zu hören. Fliegt er 10.000 m hoch, so beträgt die Reichweite gar über 400 km. Dadurch ist auch erklärlich, daß man im Flugfunkverkehr sehr oft nur den Flieger hört, zu dem eine „Sicht"verbindung besteht – nicht aber die Bodenstation, die hinter dem Funk-Horizont liegt.

Die Reichweite läßt sich aber nicht nur durch die Erhöhung des Sendemastes steigern, sondern auch durch eine Erhöhung der Empfangsantenne. Auch ihre Hör-Reichweite wird nach der selben Formel ermittelt. Das komplette „Blickfeld" erhält man, wenn man beide Werte addiert. Steigt man also vom Auto in den Fahrstuhl eines 30 m hohen Mietshauses, so gewinnt man dadurch mit einem Schlag einen Reichweitenzuwachs von fast 25 km! Und zwei Flugzeuge, die beide in 10.000 m Höhe fliegen, können sich sogar noch in mehr als 800 km Entfernung auf UKW miteinander verständigen.

## Überreichweiten sind selten

Nur selten gibt es bestimmte Effekte, die die Reichweite beträchtlich erhöhen können. Im Vordergrund steht dabei die sog. „Sporadische E-Schicht", die auch Frequenzen oberhalb von 50 MHz noch gut reflektiert und diese Signale weit über den Horizont trägt. Diese Überreichweiten ermöglichen Empfang aus etwa 2.000 km Entfernung und damit das Abhören z.B. von UKW-Rundfunksendern aus Spanien, Italien und Griechenland. Die Signale sind oft genauso stark wie von lokalen Sendern. Bei anderen Ausbreitungsmechanismen – beispielsweise über die Troposphäre – sind die Signale schwächer und die Reichweiten kleiner.

Eher Spezialisten sind auch die relativ seltenen F2-Übertragungen zwischen 30 MHz und 50 MHz vorbehalten, die in Zeiten hoher Sonnenfleckenrelativzahlen z.B. um 35 MHz Feuerwehr- und Taxifunk aus den USA oder Südamerika ermöglichen.

# Empfänger und Antenne:

## Wie finde ich die optimale Kombination?

Wenn auch die ausführliche Marktübersicht in diesem Buch einen guten Durchblick im schnell wachsenden Markt und damit die optimalen Entscheidungen beim Kauf des „richtigen" Scanners ermöglicht, so ist das Angebot dennoch sehr verwirrend. So werden Handscanner, Mobilscanner und Tischgeräte zu Preisen zwischen knapp 50 DM und bis zu 13.000 DM angeboten. Auch bei den Antennen ist die Auswahl vielfältig, die von der mitgelieferten Teleskop- oder Gummiwendel-Antenne des Handscanners bis zur komfortablen, drehbaren Logarithmisch-Periodischen Antenne für knapp 600 DM reicht.

## Am Anfang stehen die Wünsche

Aber schieben wir diese Kompliziertheiten zunächst einmal mit leichter Hand beiseite und überlegen uns vor einer Kaufentscheidung genau, was wir eigentlich wollen. Möchten wir nur die örtlichen Amateurfunkrelais oder die zwei, drei Polizeifunkkanäle der Stadt überwachen oder wollen wir höher hinaus – bis zum Empfang von Wetter- und Navigationssatelliten? Möchte ich auch Fernseh-Weitempfang damit treiben, oder habe ich andere Spezialwünsche?

Wenn auch hier die Pi-mal-Daumen-Regel gilt: „Je höher die Leistung, desto teurer die Anlage", so ist doch auf ein paar Feinheiten zu achten – die allerdings bei Nichtbeachtung die ganze schöne Zielsetzung infrage stellen können. Als Beispiel sei das Großsignalverhalten genannt: Wer nur zwei, drei Kanäle abhören möchte und deshalb zu einem preiswerten Handscanner greift, kann daran durchaus seine Freude haben. Es sei denn, er wohnt in einer Gegend mit einer starken Frequenzbelegung durch z.B. Rundfunk- und Fernsehsender. Dadurch werden preiswerte Geräte unrettbar übersteuert, und das penetrante Eurosignal ist – zusammen mit einem oft undefinierbaren Gemisch aus den lokalen Rundfunk- und Fernsehsendern – auf beinahe jedem Kanal zu hören. Aber sehen wir uns die Eigenschaften der Geräte einmal genauer an. Hierzu müssen wir uns in die Tiefen der „Technischen Daten" begeben – nicht immer einfach, aber es lohnt sich.

## Frequenzbereich

Nur wenige Scanner überstreichen den Bereich vom obersten Ende der Kurzwelle (30 MHz) bis zum höchsten, noch halbwegs gebräuchlichen Amateurfunkband bei

1.200 MHz kontinuierlich. Zwar geht der Trend in diese Richtung, oft aber weisen Empfänger nur einen oder mehrere Abschnitte aus diesem Spektrum auf. Für denjenigen, der ohnehin nur bestimmte Dienste hören möchte, muß das kein Nachteil sein. Im Gegenteil: er profitiert von der Preiswürdigkeit dieser Empfänger ebenso wie von einem oft etwas besseren Großsignalverhalten. Allerdings sollte man auch bedenken, daß der Appetit beim Essen kommt. Und da reicht dann ein begrenzter Bereich nicht mehr aus.

Der Frequenzbereich wird in Megahertz (MHz) bzw. in Gigahertz (GHz) angegeben; 1000 MHz sind 1 GHz.

## Abstimmschritte

Fast alle Scanner werden in digitalen Schritten – im Unterschied zur stufenlosen, analogen Frequenzwahl – abgestimmt. Oft ist der Abstand dieser Schritte („Kanalraster") wählbar. Das Abstimmraster sollte möglichst dem Kanalraster des gewünschten Bandes entsprechen. Ein Beispiel: sucht man den Flugfunkbereich (Kanalabstand: 25 kHz) mit einem Abstimmraster von ebenfalls 25 kHz ab, so fällt in jeden Abstimmschritt ein Kanal. Arbeitet man in diesem Fall hingegen mit einem Abstimmraster von 5 kHz, so fällt nur in jeden fünften Schritt ein Kanal – das also wäre ein uneffektive Sache. Die Übereinstimmung von Kanalraster und Abstimmschritten ist auch beim automatischen Suchlauf sehr wichtig: wählt man die Abstimmschritte wesentlich kleiner als das Kanalraster, so stoppt der Suchlauf mehrfach auf einem belegten Kanal und manchmal sogar noch daneben. Stellt man die Abstimmweite hingegen im Vergleich zum Kanalraster zu groß ein, so werden evtl. Kanäle „übersehen".

Besonders im Amateurfunk aber gibt es nur in einigen Bandabschnitten ein allgemein akzeptiertes Kanalraster. Hier paßt man das Abstimmraster der Bandbreite bzw. der Betriebsart an. So kann man also in der Betriebsart SSB noch im Abstimmraster von 1 kHz suchen, feiner aber sollte in den Rastern 100 Hz (dieses ist für SSB mindestens erforderlich!) oder – besser noch – 10 Hz abgestimmt werden. Falls der Scanner über diese Schrittweiten verfügt.

## Speicherplätze

In den Scanner-Bereichen hat man es vielfach mit breiten Frequenzabschnitten zu tun, in denen wenige Kanäle – und die oft auch nur sporadisch – aktiviert werden. Mit Frequenzspeichern hat man immer einen sofortigen Zugriff auf die Kanäle, auf denen Aktivität zu erwarten ist. Wie beim Frequenzbereich, so sollte man sich auch bei den Speicherplätzen vorher überlegen, was man hören möchte. Wer in einer Kleinstadt nur die Dorfpolizei abhört, kommt mit einem Kanal aus. Wer jedoch in einer Großstadt in diesem Punkt immer auf dem laufenden sein will, der sollte sich allein für diesen Zweck schon 'mal mindestens 10 Kanäle aktivieren. Ist man darüber hinaus noch an anderen Diensten interessiert, so kommen schnell 100 Kanäle zusammen. Zieht man Rundfunk, Amateurfunk und Fernsehen hinzu, so reichen oft auch 200 Kanäle kaum aus. Spitzenscanner bieten bis zu 1000 speicherbare Kanäle an, die auch in Frankfurt, München oder Berlin genügen.

Aber nicht nur die reine Menge der Speicher ist wichtig, auch die Art der Organisation. Sonst verliert man schnell den Überblick. Leider gibt es nur im höchsten Preisbereich Scanner, bei denen sich die Speicherkanäle mit einer kleinen Notiz (z.B. „SWF 4" oder „NOAA-10") versehen oder gar auch noch elektronisch verschieben lassen. Den höchsten Komfort bietet dabei übrigens die Zusammenarbeit mit einem entsprechenden Computerprogramm, mit dem dann ein praktisch unbegrenzt flexibler Einsatz – auch von der Zahl der Speicherplätze her – möglich ist. Normalerweise aber wird man sich mit den Möglichkeiten begnügen müssen, die der Scanner bietet. Und da hat man die Organisation der Speicherkanäle in sogenannten „Banken" oder „Seiten" gefunden. So sind beispielsweise die insgesamt 100 Speicher eines Scanners in 10 Banken zu je 10 Kanälen organisiert. Das hat den Vorteil, daß man verschiedene Dienste (Flugfunk, Feuerwehr, Amateurfunk...) auch in verschiedenen Banken ablegen kann. Setzt man für eine effektive Überwachung den automatischen Suchlauf ein, so profitiert man nochmals von dieser Organisation, weil sich dieser Suchlauf zumeist auf eine Bank reduzieren läßt.

## *Suchlauf*

Der Suchlauf zählt zu den wichtigen Eigenschaften eines Scanners. Denn selbst dann, wenn man sich die von Zeit zu Zeit aktiven Kanäle gespeichert hat, so ist doch oft nicht einmal in einem Viertel der Zeit hier Funkverkehr anzutreffen. Mit einem Suchlauf haben wir die Möglichkeit, bestimmte Kanäle oder Bandabschnitte im gewünschten Abstimmraster automatisch immer wieder durchzustimmen. Zusammen mit der Rauschsperre (Squelch) ergibt sich damit eine praktische Kombination zum Auffinden aktiver Kanäle: Der Suchlauf stoppt automatisch dann, wenn ein Signal anliegt, das die Squelch-Schwelle überschreitet. Diese wiederum läßt sich mit einem Regler stufenlos einstellen. So hat man es in der Hand, ob der Suchlauf schon bei schwächeren oder erst bei stärkeren Signalen stoppt.

Heutige Scanner verfügen oft über sehr ausgetüftelte Suchläufe. Hier einige Möglichkeiten:

- Der Frequenzsuchlauf bietet das automatische Absuchen entweder des kompletten Frequenzbereiches oder eines durch selbst gespeicherte „Eckfrequenzen" begrenzten Abschnittes.
- Der Kanalsuchlauf tastet entweder alle Speicher oder eine Speicherbank oder nur elektronisch markierte bzw. nicht-markierte Speicher ab.
- Der Suchlauf nach Betriebsarten überwacht automatisch aus einem Pool lediglich die Speicherkanäle einer Betriebsart – beispielsweise AM, worunter dann alle Flugfunkkanäle fallen.
- Auch die Überwachung eines Vorzugs- oder Prioritätskanals kann man unter „Suchlauf" fassen: Ein Kanal wird als Vorzugs- oder Prioritätskanal in einem bestimmten Speicherplatz abgelegt. Aktiviert man nun die entsprechende Funktion, so schaltet der Scanner in kurzen Abständen immer wieder automatisch von einer beliebigen, gerade eingestellten Arbeitsfrequenz auf diesen Vorzugskanal. Er prüft, ob dort ein Signal anliegt, das die Squelch-Schwelle überschreitet. Ist das der Fall, so genießt dieser Kanal eben die Priorität, und der Scanner verharrt darauf. Ist der Vorzugskanal jedoch frei, so schaltet der Empfänger sehr schnell wieder auf die Arbeitsfrequenz zurück. Dieses Umschalten, Prüfen, Umschalten geht normalerweise so schnell vor sich, daß man es kaum bemerkt.

Bessere Geräte begnügen sich nicht einfach mit einer einfachen Rauschsperre zum Stoppen des Suchlaufes. Das Problem ist nämlich, daß dieser Squelch nicht unterscheiden kann zwischen einem Kanal mit Sprechfunkverkehr, einem unmodulierten Träger oder einem möglicherweise intern erzeugten Träger (ebenfalls unmoduliert). Also verfügen einige Geräte über einen „Voice Controlled Squelch" (VCS), der den Suchlauf nur dann stoppt, wenn auf dem Kanal auch Funkverkehr durchgeführt wird.

Besonders komfortabel ist bei einigen Scannern die Möglichkeit, die per Suchlauf gefundenen Frequenzen in einen reservierten Speicherbereich einzuschreiben. Möchte man also wissen, welche Frequenzen in einem bestimmten Abschnitt überhaupt aktiv sind, so läßt man diesen Bereich einfach 'mal einen Tag lang automatisch durchlaufen und schaut sich dann den Speicherbereich an, den man dann weiter auswerten kann. Diese Funktion nennt sich „Auto Write" und ergibt verhältnismäßig schnell sowie zuverlässig das Aktivitätsprofil eines bestimmten Bandabschnittes. Mit Computerunterstützung läßt sich nicht die Aktivität an sich, sondern auch noch die Häufigkeit der Aktivität auf einem Kanal überwachen. Das grenzt dann schon an einen „Fingerabdruck" eines Frequenzabschnittes!

Und was macht der Suchlauf, nachdem er automatisch gestoppt wurde? Auch das läßt sich bei einigen Scannern einstellen. Entweder hält er für unbestimmte oder für eine bestimmte, programmierte Zeit auf dieser Frequenz. In letzterem Fall setzt er danach den Suchlauf automatisch wieder fort.

Die Qualität des Suchlaufes wird nicht nur von den genannten Funktionen beeinflußt, sondern auch von der Suchgeschwindigkeit. Die „Raser" unter den Scannern tasten bis zu 55 Kanäle pro Sekunde ab, die langsameren bringen es auf etwa 10 – 25 Kanäle/Sekunde. Je mehr Kanäle man überwachen möchte, desto wichtiger ist dieses Kriterium, das im wesentlichen von der Umschaltgeschwindigkeit des internen Oszillators – und damit von dessen Qualität – abhängt. Am schnellsten ist ein Oszillator nach dem digitalen DDS-Prinzip, der aber bisher nur in einem Spitzengerät Verwendung findet. Zum Sinn eines solchen schnellen Suchlaufes ein Beispiel: Möchte man den zwischen 118 MHz und 136 MHz liegenden Bereich des Beweglichen Flugfunkdienstes überwachen, so muß man (Kanal- und Abstimmraster: 25 kHz) ständig 720 Kanäle abtasten. Bei einem langsamen Gerät dauert das etwas über eine Minute, bei einem Raser sind es im günstigsten Fall gerade 13 Sekunden. Bei den relativ kurzen Durchgängen im Flugfunk können einem mit dem langsamen Scanner ganze Verbindungen komplett entgehen.

## Betriebsarten

Unter „Betriebsarten" versteht man das, was man im technischen Jargon „Modulationsarten" nennt. Wir unterscheiden im Prinzip folgende Betriebsarten: AM (Rundfunk unter 30 MHz und Flugfunk über 30 MHz), FM-schmal (der übliche Betriebsfunk), FM-breit (Rundfunk und Fernsehen oberhalb von 30 MHz) und SSB (vereinzelt militärische Nutzung, Amateurfunk).

Der typische Einfach-Scanner verfügt lediglich über „FM-schmal". Ist er ausschließlich für den Flugfunk ausgelegt, so läßt er sich logischerweise nur in AM betreiben. Die meisten Scanner, die frequenzmäßig auch Rundfunk- und Fernsehbereiche überstreichen, haben auch einen Empfangszug für FM-breit eingebaut. Über die Betriebsart SSB verfügen nur recht hochwertige Scanner, weil hier die Anforderungen an die Einstellgenauigkeit und die Frequenzstabilität mehr als zehnmal so hoch wie in den anderen Betriebsarten sind.

## Bandbreiten

Eng mit Kanalraster und Betriebsarten hängen die Bandbreiten zusammen. Sie werden meistens automatisch mit den Betriebsarten geschaltet – beispielsweise auf die typischen Werte von 150 kHz in FM-breit, 30 kHz in FM-schmal, 5 kHz in AM oder 2,4 kHz in SSB.

# LANGE-ELECTRONIC

Fachversand seit 1976 • Unsere Erfahrung ist Ihre beste Garantie

## REALISTIC® Scanner
## Qualität zum vernünftigen Preis
## Handscanner PRO 35*

- 100 Speicherkanäle
- 66 – 88 MHz, 108 – 174 MHz, 406 – 512 MHz
- Prioritätskanal
- Lockout-Funktion
- Abtastverzögerung (Delay) 2 Sekunden
- Memory/Search-Suchlauf
- Ziel-Suchlauf von . . . bis . . . MHz
- Scan-Geschwindigkeit 14 Kanäle/Sekunde
- Squelch regelbar
- Kopfhöreranschluß
- Stromversorgung: eingeb. Akku oder Netzadapter
- Mitgeliefertes Zubehör: Gummiwendelantenne, Gürtelclip, Akku-Pack, Ladegerät und Ohrhörer

**nur DM 598,–**

**Testurteil aus funk 07/92:**
„Im Design, seinem Aufbau, seiner Ausstattung und natürlich vor allem seiner Leistung ist der PRO-35 eine echte Bereicherung des Scanner-Marktes."
Als Deutschlands ältestes Realistic-Fachgeschäft führen wir neben dem gesamten Realistic-Programm auch die Scanner anderer bekannter Marken wie Albrecht, AOR, Bearcat, Black-Jaguar, Yupiteru usw.
Umfangreichen Exportkatalog DM 5,–, Frequenzverzeichnis DM 10,– gegen Vorkasse (Briefmarken oder Schein) anfordern.
*Das Fernmeldeanlagengesetz ist zu beachten.

Fachversand seit 1976 • Unsere Erfahrung ist Ihre beste Garantie

**Klemensstraße 5/SR · D-5778 Meschede**
**Telefon 0291 / 21 12 · Telefax 0291 / 7497**

Die Bandbreite ist ein Wert dafür, wie gut man die eine Station von einer benachbarten Station trennen kann. Oft wird daher auch nicht die eigentliche Bandbreite angegeben, sondern die „Unterdrückung des Nachbarkanals". Diese erreicht Werte zwischen 40 und 60 dB. Je höher dieser Wert ist, desto stärker wird der Nachbarkanal unterdrückt, desto besser also ist das Filter.

Zu schmale und zu breite Bandbreiten haben in unterschiedlichen Betriebsarten und unterschiedlichen Anwendungsfällen verschiedene Wirkungen:

Ist ein Filter schmaler als normalerweise vorgesehen, so verschlechtert sich zwar zum einen die Übertragungsqualität, zum andern steigt aber die nutzbare Empfindlichkeit ebenso wie der Schutz vor Störungen aus dem Nachbarkanal. Eine UKW-Rundfunkstation, die mit normaler Bandbreite gerade am Rande des Rauschens aufzunehmen ist, läßt sich bei reduzierter Bandbreite dann oft noch sicher aufnehmen. Allerdings gibt es bei FM eine vom Inhalt der Sendung und der Modulationsbandbreite abhängige Bandbreite, die nicht unterschritten werden sollten – sonst überwiegen nämlich die Nachteile. Wichtig übrigens für Wettersatelliten-Empfang ist eine FM-Bandbreite zwischen den üblichen Bandbreiten FM-breit und FM-schmal. Sie sollte bei 30 kHz liegen und ist – begrenzt – auch noch für den Empfang sehr schwacher UKW-Rundfunksender geeignet. Anstelle von FM-breit holt sie hier noch so manches Signal aus dem Rauschen.

Nur absolute Top-Geräte weisen Bandbreiten auf, die unabhängig von der Betriebsart zu schalten sind. Bei einem solchen Gerät kann man dann auch noch extrem schmale Bandbreiten um 500 Hz für den Empfang von Morsezeichen von Satelliten (Telemetrie, Baken) wählen. Bei den anderen Scannern kann man eigentlich zumindest beim Betrieb kaum etwas falsch machen.

## Empfindlichkeit

Die Empfindlichkeit ist ein Maß dafür, wie gut noch relativ schwache Stationen empfangen werden können. Die Empfindlichkeit ist im allgemeinen in Mikrovolt (abgekürzt µV) oder in dB über 1 µV angegeben. Sie bezieht sich immer darauf, wie gut sich ein Signal bei diesem Wert gegenüber dem allgegenwärtigen Rauschen behauptet.

Für AM und SSB beträgt dieser sog. „Rauschabstand" 10 dB. Das ist in etwa der untere Wert, ab dem dann eine Sendung auch für den Ungeübten zu verstehen ist. In FM bedient man sich der ähnlichen SINAD-Methode und setzt den Wert mit 12 dB an. Je kleiner der Wert für die Empfindlichkeit, desto schwächere Stationen fischt der betreffende Scanner noch aus dem Äther.

Fälschlicherweise zählt eine hohe Empfindlichkeit vielfach zu den Hauptargumenten für einen Scanner. Von wenigen Ausnahmen abgesehen ist das jedoch in der Praxis kaum besonders wichtig. Zum einen werden üblicherweise ja sowieso nur die nahen Stationen – mit guten Feldstärken! – empfangen, zum anderen kann eine zu hohe Empfindlichkeit auch Probleme machen: Geisterstationen und Pfeifstellen sind die entsprechenden Stichworte, die durch eine nicht genügend sorgfältige Entwicklung und Ausgewogenheit des Gerätes entstehen. Wichtig ist also immer der Gesamteindruck, nicht eine einzelne, herausgehobene Eigenschaft!

## Squelch-Schwelle

Als Squelch bezeichnet man die „Rauschsperre", die für den Suchlauf und für das Beobachten einer Frequenz eingesetzt wird. Sie schaltet erst dann den Lautsprecher durch, wenn ein bestimmter Signalpegel an der Antenne anliegt. Dadurch vermeidet man das enervierende Rauschen eines unbesetzten Kanals. Diese Squelch-Schwelle läßt sich zumeist kontinuierlich einstellen. Wichtig ist dabei, ab welchem Eingangspegel an der Antenne der Squelch sicher auftastet. Je kleiner dieser Wert, desto besser. Warum? Dann überhört man nämlich auch schwächste Stationen nicht mehr, wenn der Squelch eingeschaltet ist.

## Spiegelfrequenzsicherheit

Alle Scanner sind heute nach dem Superhet-Prinzip geschaltet (s.a. „Schaltungsprinzip"). Dieses Prinzip hat viele Vorteile, aber auch einige Nachteile. So erscheint die gewünschte Station immer zweimal – einmal auf der eingestellten Frequenz, zum andern im doppelten Abstand von der Zwischenfrequenz. Durch eine geschickte Auswahl der Zwischenfrequenz und überlegtes Design der Vorstufen lassen sich diese „Spiegelfrequenzen" soweit unterdrücken, daß sie kaum noch ins Gewicht fallen. Die Spiegelfrequenzsicherheit wird in dB angegeben. Je höher der entsprechende Wert, desto besser. Akzeptable Werte beginnen ab etwa 50 dB, gut wird es ab 60 dB, und Werte über 70 dB sind schon Spitze.

## Schaltungsprinzip

Grundsätzlich sind alle Scanner nach dem Superhet-Prinzip geschaltet: Das Eingangssignal wird mit der Frequenz eines einstellbaren Oszillators überlagert, so daß sich am Ausgang eines Mischers eine für alle Eingangsfrequenzen konstante Frequenz (die Zwischenfrequenz) ergibt. Wird diese Überlagerung nur einmal vorgenommen, so spricht man von einem Einfachsuper, wird sie mehrmals vorgenommen, so handelt es sich um einen Doppel-, Dreifach- oder sogar Vierfachsuper.

Von der Wahl des Schaltungsprinzips hängen einige grundlegende Scanner-Eigenschaften ab: beispielsweise die Anfälligkeit für Spiegelfrequenzen oder für selbst erzeugte Pfeiftöne. Jede Firma hat da ihre kleinen Geheimnisse, und ein Vierfachsuper muß nicht besser als ein Doppelsuper sein! Mehr als die Anzahl der Zwischenfrequenzen tragen zur Empfangsqualität die Werte der Zwischenfrequenzen bei. Und hier allerdings gibt es ein, zwei Grundregeln:

Ein guter Scanner ist mindestens als Doppelsuper aufgebaut. Und: die erste Zwischenfrequenz sollte so hoch wie möglich sein. Idealerweise liegt sie sogar oberhalb der höchsten Empfangsfrequenz, was besonders Spiegelfrequenzen stark reduziert, aber gerade in den von Scannern überstrichenen Frequenzbereichen zu hohen technischen Anforderungen führt. Bei hochwertigen Geräten haben sich erste Zwischenfrequenzen eingebürgert, die zwischen 500 MHz und 750 MHz liegen. Oft verteilt man unterschiedliche Empfangsfrequenzbereiche auch auf unterschiedliche erste bzw. zweite Zwischenfrequenzen. Wesentlich ist aber immer das Verhältnis der ersten Zwischenfrequenz zur höchsten Empfangsfrequenz des infrage kommenden Frequenzabschnittes.

## Stromversorgung

In aller Regel werden Handscanner über Batterien und/oder mit Akkus betrieben. Manchmal liegen Akkus bei – und in diesem Fall oft noch ein Akkulade-Gerät. Um den Preis abzuspecken, müssen bei vielen Handscannern allerdings auch die Akkus selbst gekauft werden. Oder man verwendet Batterien.

Fast alle Scanner – auch die Handscanner – lassen sich über eine Stromversorgungsbuchse von einem externen Netzteil am Stromnetz betreiben. Das Netzteil gehört manchmal zum Lieferumfang. Manchmal sind diese Netzteile aus Preisgründen unterdimensioniert, was sich in mehr oder minder starkem Brummen besonders beim Empfang stärkerer Signale äußert. In diesem Fall hilft nur ein stärkeres, internes Netzteil. Die übliche Versorgungsspannung für Mobil- und Tischgeräte liegt zwischen 12 V und 13,8 V. Schwankungen von etwa 20% sind in aller Regel unkritisch.

Der Stromverbrauch selbst hängt außer vom Schaltungsprinzip auch noch von den vielen Lämpchen und Leuchtdioden ab, die Strom fressen.

Vor allem bei Handscannern gibt es aber inzwischen ausgeklügelte Schaltungen, die den Stromverbrauch im „Standby-Betrieb" bei der Überwachung eines Kanals auf ein absolutes Minimum reduzieren. Der Scanner „erwacht" erst dann zur vollen Stromaufnahme, wenn ein Signal auf dem überwachten Kanal anliegt.

## Abmessungen/Gewicht

„Small is beautiful" und hat auch in der Elektronik seinen Preis. Bei einem Handscanner sind Größe und Gewicht sicherlich am entscheidendsten, sollten hier aber nicht die erste Rolle spielen. Denn einer Miniaturisierung stehen einige Tatsachen entgegen: die Bedienelemente müssen so groß sein, daß sie bedienbar bleiben. Der Lautsprecher muß so groß sein, daß zumindest Sprechfunk noch verständlich ist. Und es muß genügend Platz für die Stromversorgung (Batterien/Akkus) vorhanden sein, damit man nicht alle halbe Stunde das Pack wechseln muß.

Bei Mobilscannern spielt sicherlich eine Rolle, ob sie halbwegs unauffällig im Auto montiert werden können. Das Gewicht hingegen ist selbst auf dem Motorroller keine entscheidende Größe...

Das gleiche gilt bei Tischscannern, wobei bestimmte Leistungsmerkmale natürlich auch einen bestimmten Platzbedarf erfordern – beispielsweise die menügesteuerte Bedienung über einen LCD- oder gar Kathodenstrahl-Bildschirm.

## Mitgeliefertes Zubehör

Zum mitgelieferten Zubehör gehören zumeist eine kleine Antenne, aber auch Akkus, Steckerlader, Netzgerät, Ohrhörer, Mobilbefestigung, Tragetasche, separater Lautsprecher und vieles andere mehr. Beim Preisvergleich sollte man auch das mitgelieferte oder extra zu beschaffende Zubehör in die Bewertung mit einfließen lassen.

## Handbuch

Die Bedienung der heutigen Scanner-Generation lehnt sich mehr an die eines Computers als an die eines Radiogerätes an. Durch die teilweise komplexen Funktionen ist ein gut strukturiertes und vollständiges Handbuch dringend erforderlich. Es sollte in einer Sprache abgefaßt sein, die der Anwender fließend beherrscht. Bei deutschsprachigen Handbüchern ist es wichtig, daß es sich dabei nicht um lineare Übersetzungen aus dem Englischen (die ihrerseits wiederum zumeist dem Japanischen entstammen) handelt, sondern um tatsächliche Bearbeitungen.

Besonders die vielfältigen Speicher- und Suchlauffunktionen sowie ihr Zusammenhang mit der Rauschsperre und anderen Bedienelementen sind immer gewisse

Klippen bei der Beschrcibung und Übersetzung. Nur in Ausnahmefällen (z.B. bei allen Handbüchern von RICOFUNK stabo) sind die deutschsprachigen Übersetzungen substantieller und präziser als die englischsprachigen Unterlagen. Wie auch ansonsten bei komplizierter Technik gilt: ein Bild sagt mehr als 1000 Worte.

Gut übersetzte Handbücher kosten ihren Preis, deshalb verzichtet mancher Importeur auf diesen – und vielfach auch auf manch' anderen – Service. Wenn man aber mangels deutschsprachiger Bedienungsanleitung mit einem Gerät nicht umgehen kann, so hat man ganz sicher am falschen Platz gespart!

## Preis

Derselbe Scanner ist oft über verschiedene Händler zu ebenfalls verschiedenen Preisen lieferbar. Bei dem Vergleich sollte man jedoch nicht allein den Preis heranziehen, sondern auch Lieferfähigkeit, Beratung und Image des Händlers. Auch die Möglichkeit des Service spielt im Falle eines Falles eine Rolle.

Achten Sie auch darauf, welche Kosten zum Gerätepreis noch hinzukommen: es hat auch schon Mondpreise für Verpackung, Porto und Versicherung gegeben. Wichtig ist auch der Auslieferungszustand des Scanners. Liegt eine deutschsprachige Bedienungsanleitung bei, muß ein Steckernetzteil extra gekauft werden, und welche Sorte von Akkus sind beigefügt?

Auch der Vertriebsweg spielt eine Rolle beim endgültigen Preis. Normalerweise exportieren die – vorwiegend fernöstlichen – Hersteller exklusiv an einen deutschen Großhändler, der die Ware an den Einzelhandel weiter vertreibt, von dem aus er dann beim Endkunden landet. Für diese Vorgehensweise spricht u.a. die Original-Herstellergarantie.

Daneben gibt es auch Schienen, die man fälschlicherweise als „grau" bezeichnet: ein Händler kauft sich seine Ware direkt in Japan oder bei dem Großhändler eines anderen europäischen Landes ein. Die Original-Herstellergarantie gilt dann nicht, man muß sich auf die Servicekapazitäten seines Händlers verlassen. Die aber müssen gar nicht einmal schlechter als die des „weißen" Exklusiv-Importeurs sein! Für den „grauen" Weg spricht beim Kunden der oftmals beträchtliche Preisunterschied. Als Fallstrick aber können sich andere Ausstattungsmerkmale erweisen, womit nicht allein die Handbücher gemeint sind. Es werden ja für unterschiedliche Märkte auch unterschiedliche Versionen gefertigt, was Stromversorgung, Entstörung, Frequenzbereiche etc. angeht.

Im Scanner-Markt werden die Geräte vielfach nicht nur unter einem, sondern unter mehreren Namen – überwiegend baugleich – angeboten. Diese Teilung kann schon im Herstellerland erfolgen (man spricht dann von OEM-Produkten), oder der

Importeur macht ein Allerweltsgerät durch seinen Aufkleber zu einer – nur scheinbaren! – Exklusivität. Deshalb auch kommen einem Geräte verschiedener „Marken" immer wieder so bekannt vor. Natürlich läßt sich der Händler dann auch seine Marke bezahlen – was dann gerechtfertigt ist, wenn dahinter eine zusätzliche Leistung steht.

Eine weitere Bezugsquelle ist der Gebrauchtmarkt. Diese Geräte aus zweiter Hand werden in den Kleinanzeigen der Tages- und Fachpresse angeboten. Hier ist es wie bei Gebrauchtwagen: man kauft so, wie besehen. Das Risiko, hier auf den Bauch zu fallen, ist allerdings nicht so hoch.

## *Besonderheiten*

Sowohl in der Bedienung als auch in der eigentlichen Ausstattung gibt es über die erwähnten Punkte hinaus einige Feinheiten, die einer Entscheidung den letzten Schliff geben können. Spezielle Bedien-Möglichkeiten allerdings lernt man eher aus dem täglichen Umgang mit einem Scanner als durch einen Prospekt kennen. Als Stichwort seien hier nur die verschiedenen Möglichkeiten der Speicherverwaltung genannt.

Von der Ausstattung her gibt es schon einige Dinge, auf die man achten sollte – hier eine Auswahl in alphabetischer Reihenfolge:

**AFC:** automatische Scharfabstimmung, stellt sich innerhalb eines gewissen Bereiches in der Betriebsart FM immer wieder auf Trägermitte ein. Wird vor allem im 23-cm-Amateurfunkband benötigt, um Frequenzdriften (des Senders und des Empfängers) auszugleichen. Kann auch beim Empfang umlaufender Wettersatelliten Anwendung finden, bei dem sich dank der Doppler-Shift die Frequenz bei einem Überflug um ein paar kHz verschieben kann.

**ATT:** Ist die Abkürzung für „Dämpfungsglied". Wird dann geschaltet, wenn starke Signale wegen ihres hohen Pegels verzerrt klingen oder sogar „Geisterstationen" verursachen. Gleichzeitig wird dabei die Empfindlichkeit reduziert. Die Dämpfung ist in dB angegeben, je höher der Wert, desto stärker die Dämpfung. Üblich sind Werte zwischen 10 dB und 30 dB.

**EXT ANT:** Anschluß für eine externe Antenne (Handscanner). Meistens ist einfach die üblicherweise mitgelieferte Gummi-Wendelantenne abnehmbar, und man kann dann diesen Stecker als externen Antennenanschluß z.B. für eine breitbandige Discone-Antenne verwenden. Die Steckernorm ist vielfach „BNC", es gibt aber auch andere Normen. Selbstverständlich muß der Anschluß dann mit einem genau passenden Stecker erfolgen.

**EXT DC:** Bei Handscannern eine Buchse für die externe Stromversorgung durch ein Netzteil. In aller Regel wird dabei die interne Stromversorgung abgeschaltet, vielfach wird gleichzeitig dabei auch ein evtl. interner Akku geladen. Der innere Stift ist meistens (aber nicht immer!) der Pluspol.

**EXT SP:** Bei Mobil- bzw. Handscannern kann hier ein externer Lautsprecher angeschlossen werden, der meistens eine verständlichere Wiedergabe bringt, als der oft eingebaute Kompromiß-Mini-Lautsprecher.

**Recorder-Ausgang:** Nicht nur wichtig, um Gefunktes auf Tonband aufzunehmen, sondern auch für den Anschluß von Zusatzgeräten – z.B. einem Modem zum Mitlesen von Packet-Radio-Texten oder einem FAX-Konverter für Wetterbilder.

## *Zulassung*

Auch nach der Scanner-Freigabe müssen Scanner zugelassen werden. Diese Zulassung kann nach unterschiedlichen Verfahren erfolgen. Nach wie vor sind neben zugelassenen auch nicht-zugelassene Geräte im Handel, deren Betrieb illegal ist.

Die Zulassung ist im übrigen sogar noch ein Qualitätsmerkmal, da sie nur für solche Geräte erteilt wird, deren Störstrahlung die vorgeschriebenen und niedrigen Werte einhält.

Zugelassene Geräte sind durch eine der drei möglichen Kennzeichnungen zu erkennen:

1. CE-Zeichen für Inverkehrbringung nach europäischen Normen.

2. BZT-Zeichen mit Bundesadler und Konformitätsinhabernummer (das ist die frühere FTZ/ZZF-Nummer).

3. BMPT-Zeichen mit Amtsblattverfügungsnummer für das Inverkehrbringen nach nationalen Normen und Vorschriften (siehe dazu auch das Foto).

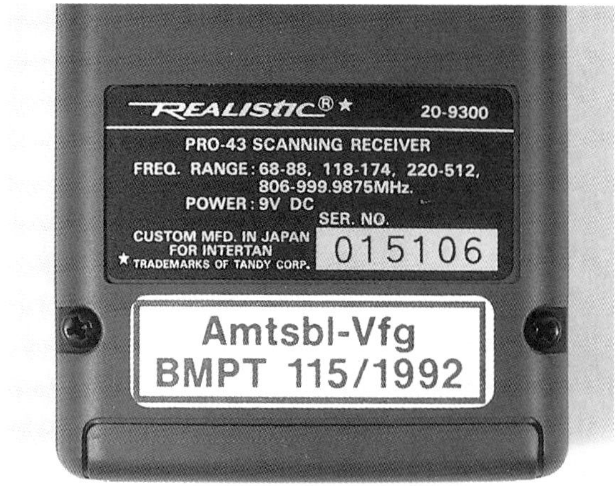

# *Wer darf einen Scanner besitzen?*

Nach jahrelangen Diskussionen, in die sich der Autor dieses Buches kräftig mit einmischte, sind seit dem 30. 6. 1992 Scanner in Deutschland erlaubt. Damit gibt es zum ersten Mal seit 70 Jahren keine frequenzmäßigen Beschränkungen eines Rundfunkempfängers. Was etwas salopp unter „Scanner-Freigabe" läuft, bedarf trotzdem der näheren Betrachtung:

Genaugenommen sind in der Verfügung 115/1992 vom 12. 8. 1992 nur die Technischen Vorschriften u.a. für Rundfunkempfänger geändert worden. Enthielten diese bis dahin die bekannt drastischen Frequenzbeschränkungen, so heißt es in der neuen Verordnung „Dieser Abschnitt entfällt". Es „entfällt" aber nur die Restriktion des Empfangsfrequenzbereiches – nach wie vor müssen Empfänger genehmigt werden. Dadurch wird dokumentiert, daß sie andere Vorschriften, wie z.B. über Störstrahlung, einhalten. Daß ein „Scanner" zugleich ein „Rundfunkempfänger" ist, wird durch folgende Definition klar, nach der ein Rundfunkempfänger ein Funkempfänger ist, der mindestens einen Rundfunkbereich empfängt. Und das kann natürlich auch das Fernsehband oder der OIRT-Rundfunk sein... Seit dieser Verfügung 115/1992 darf also Jedermann einen derart definierten Rundfunkempfänger besitzen und betreiben, ohne sich um irgendwelche Frequenzgrenzen scheren zu müssen. Trotzdem aber muß der Empfänger weiterhin „zugelassen" werden – jedenfalls dann, wenn er von Jedermann genutzt wird. Ob ein Empfänger „zugelassen" ist oder nicht, erkennt man am Hinweis auf die genannte Amtsblattverfügung. Im Zweifel ist der Händler oder der Hersteller zu fragen.

Für lizenzierte Funkamateure allerdings gilt eine Ausnahme: sie dürfen einen Empfänger auch ohne „Zulassung" besitzen oder betreiben. Dieses Privileg resultiert eigentlich aus dem Charakter des Amateurfunkdienstes als experimentellem Funkdienst mit einem hohen Anteil an selbst gebauten Geräten. Hier ist es wohl kaum zumutbar, Einzelprüfungen vorzunehmen. Außerdem traut man staatlicherseits den geprüften Funkamateuren einiges an technischen Kenntnissen zu – schließlich sind die Bestandteil der Prüfung –, um es gar nicht erst zu Äther-Kollisionen mit anderen Geräten kommen zu lassen.

Egal aber, ob man als „Jedermann" einen „zugelassenen" Empfänger oder als Funkamateur einen „nicht zugelassenen" Empfänger betreibt: in beiden Fällen dürfen außer Rundfunk und Amateurfunk nur begrenzt weitere Dienste abgehört werden. Dazu zählen u.a. die sogenannten CQ-Schleifen („Sendungen an alle") sowie z.B. Wettermeldungen „an alle". Verboten ist weiterhin der Empfang von Aussendungen, die nicht für die Allgemeinheit bestimmt sind. Es ist also nach wie vor verboten, zum Beispiel den Polizeifunk, andere BOS-Dienste, Betriebsfunk oder den Autotelefondienst abzuhören. Ebenso ist es verboten, in den Seefunkdienst oder Flugfunkdienst hineinzuhören, wenn es sich nicht um die bereits erwähnten Wettermeldungen o.ä. „an alle" handelt.

Empfängt man trotzdem andere Funkdienste, „so dürfen der Inhalt der Nachrichten sowie die Tatsache ihres Empfanges ... anderen nicht mitgeteilt werden". Das bestimmt das „Gesetz über Fernmeldeanlagen" in seiner Fassung vom 10. 8. 89 (Verfügung 808/1989, veröffentlicht im Amtsblatt Nr. 90 des Bundesministers für Post und Telekommunikation).

Eine umfassende und detaillierte Darstellung der rechtlichen Situation finden Sie im Buch „Rechtstips für Funkamateure und Kurzwellenhörer" von Rechtsanwalt Dr. Michael Wendt, erschienen im Siebel Verlag (siehe Leserservice am Ende des Buches).

*Richtfunksendemast der Telekom. (Foto: ANT Nachrichtentechnik)*

# Welche Antenne ist die beste?

Auch in den Scanner-Bereichen kann man ohne vernünftige Antenne nur die stärkeren Sender empfangen. Da die Antennenabmessungen direkt mit der Wellenlänge zusammenhängen, sind wir in diesen Bereichen in der Lage, recht leistungsfähige Antennen bei vergleichsweise geringen Abmessungen einsetzen zu können. Dafür sind solche Antennen allerdings – gemessen am Frequenzbereich eines Scanners – eher schmalbandig. Kein Ziel also ohne den dazu gehörigen Konflikt!

Die bekanntesten Antennentypen sind jedoch die Gummiwendel-Antenne des Handscanners, eine Discone-Antenne oder eine Aktivantenne. Wer sich jedoch mit möglichst vielen Frequenzabschnitten intensiver beschäftigen möchte, kommt an einer breitbandigen, drehbaren Richtantenne („Logarithmisch-Periodische Antenne") nicht vorbei. Für viele Frequenzabschnitte wie Hörfunk, bestimmte Fernsehkanäle oder -kanalgruppen, Wettersatelliten und Amateurfunkbänder gibt es überdies leistungsfähige Spezialantennen mit zwar hohem Antennengewinn, allerdings dann eher schmaler Bandbreite.

Üblicherweise werden die meisten Scanner bereits mit Antennen ausgeliefert. Bei Handscannern ist das zumeist eine **flexible Gummi-Wendelantenne** oder eine Teleskopantenne. Bei der Gummi-Wendelantenne besteht die Antenne aus einem Draht, der aufgewickelt und dann mit Gummi armiert wurde. Dieser Antennentyp ist robust und reicht in aller Regel zum Empfang der ortsüblichen Sender aus. In manchen Fällen liegen dem Handscanner auch zwei Gummi-Wendelantennen bei, die je nach Frequenzbereich einzusetzen sind.

**Teleskopantennen** von Scannern sind meist etwa 50 cm lang. Es liegt in der Natur der Sache, daß sie nur in bestimmten Frequenzbereichen optimal funktionieren und auch richtungsempfindlich sind. Ist also der Empfang eines Senders verbesserungswürdig, so sollte man zunächst die Antenne im – hoffentlich vorhandenen! – Gelenk ein wenig kippen und drehen, bis man den Punkt optimalen Empfangs gefunden hat. Auch das stückweise Einschieben der Antenne „bringt" manchmal eine Verbesserung. Ganz von selbst wird man bei diesen Versuchen merken, daß der menschliche Körper den Empfang zusätzlich beeinflußt. Manchmal wird er in bestimmten Positionen besser, manchmal schlechter. Ausprobieren mag man also bei einem Handscanner beispielsweise, wie der Empfang sich verändert, wenn man sich nur einmal um die eigene Achse dreht. Eher schwächer einfallende Stationen sind für solche Versuche am besten geeignet. Im allgemeinen sind weder Gummi-Wendel- noch Teleskopantenne als spezielles Zubehör erhältlich. Man hat sich also mit dem abzufinden, was mitgeliefert wird. Lediglich für Amateurfunk-Handsprechgeräte gibt es speziell für diesen Bereich zugeschnittene Antennen, die spürbar leistungsfähiger als die üblichen Antennen für Handscanner sind. Wer also mit seinem Handscanner fast ausschließlich die Amateurfunkbänder 2 m bzw. 70 cm empfangen möchte, der sollte sich die Antennen ROD-2 und ROD-70 (bei stabo) einmal näher ansehen, die mit einer Länge von 5/8 der Wellenlänge gegenüber den üblichen Antennen etwa eine S-Stufe Gewinn bringen.

Eine **Discone-Antenne** ist empfangsseitig recht breitbandig und sieht aus wie ein halb zusammengeklappter Schirm ohne Bezug. Die Discone-Antenne ist eine Rundempfangs-Antenne, sie hat also keine bestimmte Vorzugsrichtung. Der breite Frequenzbereich wird mit einem recht niedrigen Antennengewinn erkauft. Trotzdem kann man mit einer Discone auch weiter entfernte Stationen hören. Überdies ist sie sehr gut für den Flugfunk und den Empfang von Wettersatelliten geeignet, weil sich in diesen Fällen der Senderstandort ja laufend verändert.

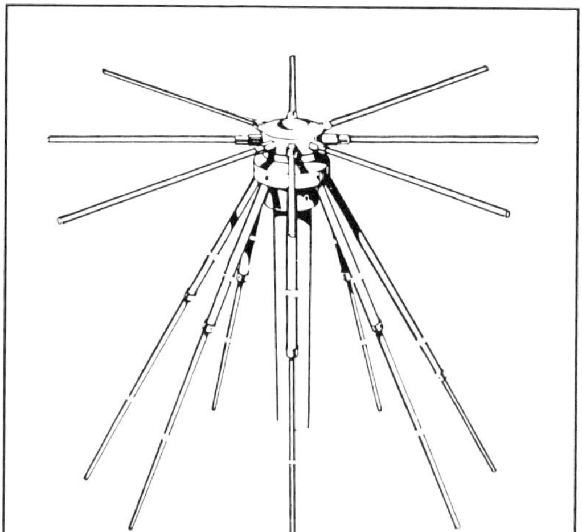

Wer das Angebot an Discone-Antennen (z.B. AH-7000 von Icom oder CDS-150 von Comet/stabo) sichtet, der kommt schnell zu dem Schluß, daß diese Antennen alle den selben Designer haben: sie sehen mit ihren sieben längeren im Winkel von etwa 45° und ihren ebenfalls sieben kürzeren im Winkel von 90° abstehenden Elemente sowie dem darauf aufgesetzten Stab gleich aus. Und auch die Abmessungen – Höhe 1,8 m – stimmen immer überein. Der Frequenzbereich geht empfangsseitig von 25 MHz bis 1,3 GHz und umfaßt damit den Bereich praktisch jeden Scanners. Auch für den Empfang von Sendungen unterhalb von 25 MHz ist die Discone-Antenne sehr gut einzusetzen. Mit der CDS-180 (VHT-Impex, Bredenstr. 65, D-4904 Enger) gibt es überdies noch eine gut 4 m hohe Ausführung, die den Akzent auf eine höhere Leistungsfähigkeit im Bereich zwischen 25 MHz und 50 MHz legt.

**Logarithmisch-Periodische Antennen** erinnern in ihrem Aussehen an eine filetierte Scholle. Diese Antennenform ist aus verschiedenen Dipolen auf einem Antennenträger zusammengesetzt. Sie hat mittlere Richtwirkung und mittleren Gewinn; ihr größter Vorzug liegt in der Breitbandigkeit. Von Create (Vertrieb: VHT-Impex) gibt es mehrere Ausführungen dieser Antennenform, die sich nach Größe, Frequenzbereich, Material und nicht zuletzt dem Preis unterscheiden: die CLP-5130-1 überstreicht als Allround-Antenne den Frequenzbereich von 50 MHz bis 1,3 GHz, die kleinere CLP-1530-2 startet erst ab 105 MHz und geht dann aber auch bis 1,3 GHz, während die CLP-5130-3 den Frequenzbereich von 90 MHz bis 220 MHz abdeckt. Für reine Empfangszwecke sind besonders die unteren Frequenzgrenzen eher großzügig zu nehmen. Der Empfang mit der CLP-5130-1 hört also nicht abrupt bei 50 MHz auf, man kann mit guter Richtwirkung auch noch um 35 MHz Highway Patrols und Fire Brigades aus den USA damit empfangen.

Alle LP-Antennen weisen eine Vorzugs-Polarisation auf, die von ihrer Montage abhängt. Ist sie so montiert, daß die Elemente horizontal zur Erde liegen, so ist die Polarisation ebenfalls horizontal und damit sehr gut für DX geeignet. Wird sie dazu im Winkel von 90° versetzt vom Antennenmast angebracht, so empfängt sie am besten vertikal polarisierte Abstrahlungen – die meisten BOS-Sender sowie der Mobilfunk und die Relaisfunkstellen arbeiten in dieser Polarisationsrichtung. In jedem Fall jedoch sollte die LP-Antenne drehbar montiert werden, um neben ihrem Vorteil der Breitbandigkeit auch ihre Richtwirkung ausschöpfen zu können. Damit lassen sich beispielsweise zwei Rundfunksender aus unterschiedlichen Standorten auf der selben Frequenz oft 100%ig voneinander trennen.

Weitere passive Antennen sind beispielsweise **Kreuzdipole** mit Rundempfangs-Charakteristik für UKW-Hörfunk und Wettersatelliten, die üblichen **Yagi-Antennen** oder die sehr effektiven Amateurfunk-Antennen nach dem **HB9CV**-Prinzip. Besonders an den Yagi-Antennen führt dann kein Weg vorbei, wenn man auch noch das Gras möchte wachsen hören. Diese Antennen sind immer für bestimmte Frequenzbereiche (Fernsehbänder, Amateurfunkbereiche...) dimensioniert und recht schmalbandig. Je größer eine solche Antenne bei gleichbleibender Frequenz wird, desto höher ist ihr Gewinn, desto besser ihre Richtwirkung. Für extreme Ansprüche lassen sich solche Antennen auch noch „stocken", also mehrere Antennen in bestimmten Abständen voneinander zur Leistungssteigerung montieren. Alle Amateurfunkhändler verfügen über ein reichhaltiges Angebot von Yagi-Antennen für die Amateurfunkbereiche. Rundfunk- und Fernsehhändler verfügen über ebenso gute Angebote an Yagi-Antennen für die Rundfunk- und Fernsehbereiche.

**Aktivantennen** bestehen aus einem passiven Antennenelement, dessen Abmessungen kaum einen Meter überschreitet und das in diesen Frequenzbereichen des öfteren als etwas dickeres Rohr ausgebildet ist, sowie aus einer Anpaß- und

Verstärkerelektronik. Die Verbindung zum Scanner erfolgt über ein Koaxialkabel, über das auch die Stromversorgung läuft. Da eine Aktivantenne praktisch den kompletten infrage kommenden Frequenzbereich breitbandig und mit recht hohem Pegel anbietet, werden zumindest die preiswerten Scanner von diesen unauffälligen Alleshelfern übersteuert und reagieren mit Geisterstationen. So verlockend auch die Vorteile einer guten Aktivantenne sind – sie lassen sich nur mit einem hochwertigen Scanner realisieren!

**Nachfolgend eine kommentierte Auswahl aus dem recht großen Angebot an Aktivantennen:**

Die H. Burdewick KG (Postfach 1208, D-7515 Linkenheim) bietet ihre Aktivantenne von 60 MHz bis 900 MHz in einer Tischausführung **VTA 2** mit dreh- und schwenkbarem Teleskopstab sowie in der Mastausführung **AMA 2** in wetterfestem Gehäuse mit Fernspeisung des Verstärkers über das Antennenkabel an. Die Tischausführung sollte man dann nehmen, wenn der Störnebel im Haus nicht sehr groß ist und die Konstruktion des Hauses für die Funkwellen auch recht durchlässig ist – also nicht in Stahlbetonbauten. Dann hat man den Vorteil, durch Drehen und Kippen der Antenne den günstigsten Empfang einstellen zu können. Die Mast-Ausführung hingegen läßt sich bequem außerhalb des häuslichen Störnebels montieren und ist mit nur 50 cm Länge nicht einmal auffällig.

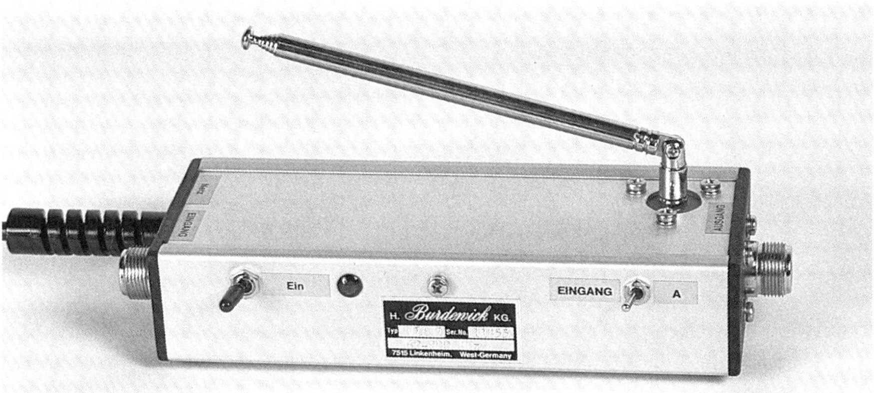


Die Aktivantenne **ara 1500** von Dressler (Werther Str. 14-16, D-5190 Stolberg) ist sowohl für Innen- als auch für Außenmontage geeignet. Die Elektronik selbst ist in einem UV-beständigen Kunststoffrohr von 45 cm Länge und 9 cm Durchmesser untergebracht. Der Frequenzbereich geht von etwa 50 MHz bis über 1,5 GHz. Neben diesem Riesenbereich sind die Hauptmerkmale dieser Antenne ihr geringes Rauschen, das gute Großsignalverhalten und der professionelle Aufbau.

Die Stromversorgung der Elektronik im Antennenkopf erfolgt auch hier über das Antennenkabel mittels einer mitgelieferten Weiche. Dieses Metallkästchen weist im übrigen auch noch einen Verstärkungsregler auf, mit dem sich das optimale Verhältnis von Signal, Rauschen und Großsignalverhalten einstellen läßt.

Einen Verstärkungsregler enthält auch die Spannungsweiche der **Diamond D707** (Telcom, Bruchstr. 8, D-4150 Krefeld 11), die mit ihrem Stab von 94 cm Länge und dem breitbandigen Hybrid-IC sogar den wahrhaft riesigen Bereich von 500 kHz bis 1,5 GHz überzeugend meistert.

Über einen ebenfalls sehr breiten Frequenzbereich (10 kHz – 1 GHz) verfügt die Aktivantenne **BEAA 1** von Kelemen (Steig 9, D-7407 Rottenburg). Diese Antenne bietet zwar keine Super-Signale bzw. eine große Verstärkung, was aber gerade für die meisten Scanner der unteren und mittleren Preisklasse eher besser ist. Der Vorteil dieser – wie aller – Aktivantennen liegt darin, daß sie außerhalb des häuslichen Störnebels montiert werden kann.

## *Was bringen Antennen-Verstärker?*

Mancher Hörer will seine Antennenprobleme lösen, indem er einen Antennenverstärker einsetzt, wie es sie in vielen Typen gibt. In den meisten Fällen ist jedoch Vorsicht geboten. Die üblichen Breitband-Verstärker heben einen großen Frequenzbereich an und überfahren mit diesen starken Pegeln den nachfolgenden Empfänger. Außerdem können die Verstärker auch immer nur das an den Empfänger weitergeben, was sie selbst mit der Antenne „hören"! Da in den meisten Fällen eher das Großsignalverhalten eines Scanners der limitierende Faktor ist – und nicht seine Empfindlichkeit! –, sind solche Verstärker nur von scheinbarem Nutzen: in den seltensten Fällen heben sie das Signal-/Rauschverhältnis einer schwachen Station an.

Anders liegt der Fall, wenn man die Dämpfung eines längeren Antennenkabels aufheben möchte. Unter diesen Umständen kann selbst ein breitbandiger Antennenverstärker (z.B. von Burdewick) zwischen der Antenne (z.B. einer Discone) und dem Antennenanschluß das Signal-/Rauschverhältnis entscheidend verbessern, indem es die Dämpfung des nachfolgenden Koaxialkabels ausgleicht.

Am sinnvollsten sind Verstärker dann, wenn sie nicht breitbandig, sondern schmalbandig aufgebaut sind. Für verschiedene Anwendungen (Wettersatelliten, Amateurfunkbänder...) bieten beispielsweise SSB-Elektronik (Panzermacherstr. 5, D-5860 Iserlohn) und UKW-Technik (Postfach 80, D-8523 Baiersdorf) Verstärker und Zusatzgeräte an. Wie überall in der Funktechnik aber gilt auch hier: Wenn Sie in die Leistungsfähigkeit Ihrer Empfangsanlage investieren wollen, so sollten sie das zunächst im Antennenbereich tun!

# Geräteteil Testberichte

# Handscanner

# AE 88 Maßgeschneidert für BOS

Der Handscanner AE 88 verfügt ausschließlich über das 4-m-Band, in dem die Behörden und Sicherheitsdienste arbeiten. Das aber ist kein Nachteil, denn für diesen Anwendungszweck ist er wie maßgeschneidert. Er erfaßt den Frequenzbereich von 75,015 MHz bis 87,995 MHz im 20-kHz-Raster, den selben Abstimmschritten also, wie sie auch auf der Sendeseite eingesetzt werden. Insgesamt stehen 20 Speicherfrequenzen zur Verfügung, was selbst in Großstädten ausreichen dürfte. Die Informationen über eingegebene Frequenzen und den jeweiligen Betriebszustand werden auf dem großflächigen LC-Display angezeigt, das sich bei Bedarf beleuchten läßt. Der AE 88 erzeugt alle Frequenzen über einen stabilen Synthesizer und weist interessante Suchlaufmöglichkeiten auf. So läßt sich entweder der komplette Frequenzbereich auf der Suche nach belegten Kanälen automatisch abtasten, oder man kann dasselbe mit den 20 Speicherplätzen machen. Des weiteren lassen sich zwei Eckfrequenzen eingeben, zwischen denen der Suchlauf dann arbeitet. Besonders wichtig ist der Prioritätskanal, auf den immer dann umgeschaltet wird, wenn auf diesem ein Signal anliegt. Man wird auf diesem Kanal die Hauptfrequenz seiner Region oder bestimmte Anruffrequenzen ablegen. Einziger Wermutstropfen: Der Empfänger weist keinen einzigen Amateurfunkbereich auf und ist daher nicht einmal für Funkamateure straffrei in Deutschland zu betreiben!

| | |
|---|---|
| BEZEICHNUNG: | AE 88 |
| TYP: | Handscanner für 4 m |
| FREQUENZBEREICHE: | 75,015 MHz – 87,995 MHz |
| SPEICHERPLÄTZE: | 20 Frequenzen |
| ABSTIMMSCHRITTE: | 20 kHz |
| BETRIEBSARTEN: | FM-schmal |
| EMPFINDLICHKEIT: | 0,2 – 0,5 µV bei 12 dB SINAD |
| STROMVERSORGUNG: | 4 × 1,5 V, Mignonzellen oder 6 V extern |
| ABMESSUNGEN/GEWICHT: | B68 × H164 × T34 mm |
| PREIS: | ca. 350,– DM |

VERTRIEB: Albrecht Electronic GmbH, Otto-Hahn-Str. 7, D-2077 Trittau

# AE-200

## Super-Frequenzbereich 500 kHz –1,3 GHz

Sieht man sich die Technischen Daten des Handscanners AE-200 an, so traut man zunächst seinen Augen kaum: er durchmißt lückenlos einen Frequenzbereich von der untersten Mittelwelle bei 500 kHz bis zum obersten Ende des 23-cm-Bandes bei 1,3 GHz. Außerdem decodiert er AM, FM-breit und FM-schmal; lediglich SSB ist nicht vorgesehen. Die Empfindlichkeit liegt mit 0,5 µV (FM-schmal, 12 dB SINAD) im gesamten Frequenzbereich gleichmäßig hoch, und auch der Bedienungskomfort kann sich sehen lassen: die 1000 Speicherfrequenzen lassen sich übersichtlich in zehn Speicherbänken zu je 100 Speicherplätzen organisieren, die separat durch den automatischen Suchlauf abgetastet werden können. Und das in einem ziemlichen Tempo: mit 20 Kanälen/Sekunde zählt dieser Scanner zu den Schnelleren. Außerdem lassen sich zehn Bänder mit jeweils unterer und oberer Grenzfrequenz (z.B. 2-m-Amateurfunkband oder UKW-Rundfunkband) fest eingeben und ebenfalls scannen. Hinsichtlich der Schrittweite ist der Scanner flexibel. Es ist jedes Raster zwischen 5 kHz und 995 kHz einstellbar, sobald es entweder durch 5 kHz oder 12,5 kHz teilbar ist.

## Empfindlicher Dreifachsuper

Als Dreifachsuper mit einer bis 297 MHz hochliegenden 1. ZF von 561,225 MHz hat man auch empfangstechnisch alle Register auf kleinstem Raum gezogen – der Scanner mißt gerade mal 35 x 170 x 65 mm und wiegt keine 300 Gramm. Das wird nicht zuletzt durch die ausgedehnte Verwendung oberflächen-montierter Bauteile und ICs erreicht. Ausgeliefert wird der AE-200 mit einer Kunststoff-Tragetasche, einem Tragegürtel, einem Stromversorgungskabel zum Anschluß an die Buchse eines Kfz-Zigaretten-Anzünders, einem Ohrhörer und sogar einem Steckerlader für die ebenfalls mitgelieferten Akkus. Auch die deutschsprachige Bedienungsanleitung zählt zu den so wichtigen Details, die beim AE-200 ab Werk dabei sind. Des weiteren dabei: zwei Antennen für verschiedene Frequenzbereiche und ein Gürtelclip.

Die Bedienung ist dank des LC-Displays und des übersichtlichen Tastenfeldes, bei dem nur wenige Tasten doppelt belegt sind, recht schnell zu erlernen. Die Frequenzwahl erfolgt entweder durch direktes Eintippen der Frequenz, im manuellen

Suchbetrieb mit dem rastenden Kanalschalter oder in einer der verschiedenen Speicher- und Suchlauf-Betriebsarten. Im Suchlaufbetrieb lassen sich im übrigen auch Kanäle markieren, die übersprungen werden – etwa, weil dort ein bekannter Dauersender ist oder aber ein eigenerzeugter Pfeifton den Scanner unbotmäßig zum Halten zwingt. Schön ist auch die Möglichkeit des Vorzugskanals: Hier springt der AE-200 automatisch alle zwei Sekunden auf diesen Kanal – man kann ihn beliebig programmieren – und bleibt dann dort stehen, wenn ein Signal empfangen wird. Dieser Prioritätskanal steht sogar im Kanal- oder Frequenzsuchlauf zur Verfügung.

## Guter Sprechfunkempfang

In der Praxis zeigt der Empfänger seine besten Leistungen beim Sprechfunkempfang in AM und FM-schmal oberhalb von 30 MHz. Hier ist er empfindlich und von einer guten Kanaltrennung. Unter 30 MHz macht ihm bei Rundfunkempfang seine nicht für diesen Bereich ausgelegte und damit zu große AM-Bandbreite zu schaffen, mit der sich im 5-kHz-Raster kaum Sender trennen lassen. Der Empfang freistehender Sender wie der BBC auf 9410 kHz und 15070 kHz ist aber in ausreichender Qualität gewährleistet. Um Großsignaleffekten gerade in diesem Bereich zu entgehen, weist der Scanner ein oben schaltbares Dämpfungsglied

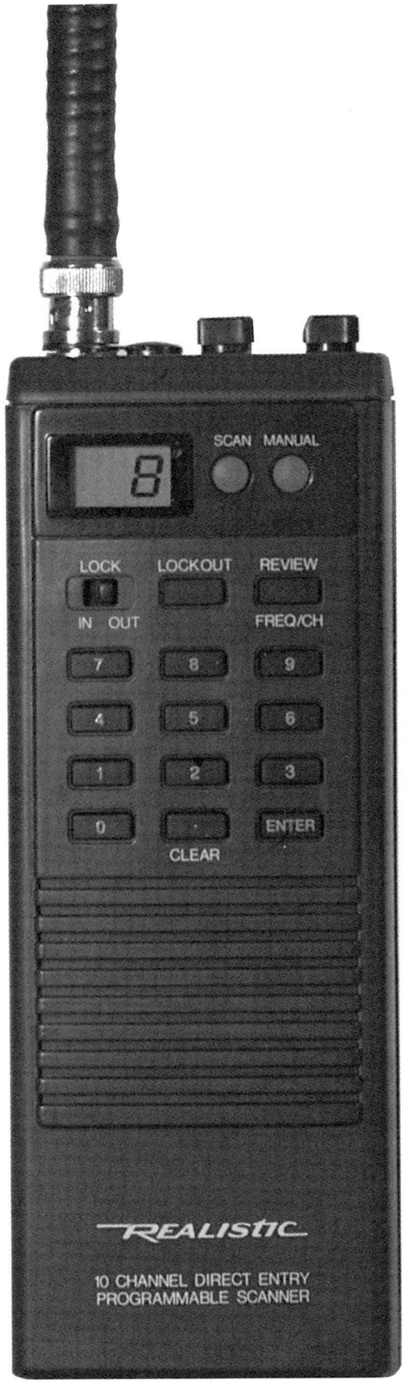

auf, das nicht nur für Kurzwelle, sondern auch bei Intermodulationsproblemen in dicht belegten Bändern oberhalb von 30 MHz benötigt wird – beispielsweise dann, wenn das Eurosignal dicht daneben liegende Sender „unterwandert".

Die hohe Empfindlichkeit lernten wir vor allem bei den Wettersendern des Flugfunkdienstes sowie beim Amateurfunk auf 2 m und 70 cm schätzen. Gerade hier entspricht die Empfangsleistung fast einem guten Handsprechfunkgerät, das dann aber speziell für diesen Zweck optimiert wurde. Wegen des überaus großen Frequenzbereiches, seinen geringen Abmessungen und nicht zuletzt seines günstigen Preises ist der AE-200 die erste Wahl für Hörer, die „fast alles" in einem solchen kleinen Päckchen haben möchten.

| | |
|---|---|
| BEZEICHNUNG: | AE-200 |
| TYP: | Handscanner |
| FREQUENZBEREICHE: | 500 kHz – 1,3 GHz |
| SPEICHERPLÄTZE: | 1000 in zehn Banken |
| ABSTIMMSCHRITTE: | 5 – 995 kHz in Vielfachen von 5 kHz oder 12,5 kHz |
| SUCHLAUF-GESCHWINDIGKEIT: | höher als 20 Kanäle/Sekunde |
| BETRIEBSARTEN: | FM-breit, FM-schmal, |
| AM-EMPFINDLICHKEIT: | 0,5 – 3 μV |
| SCHALTUNGSPRINZIP: | Dreifachsuper mit<br>1. ZF 561,225 MHz bzw. 251,575 MHz bzw. 58,075 MHz;<br>2. ZF von 58,075 MHz bzw. 455 kHz bzw. 10,7 MHz und<br>3. ZF von 455 kHz bzw. 10,7 MHz – je nach Frequenzbereich und Betriebsart |
| STROMVERSORGUNG: | vier Akkus, 87 – 105 mA, Steckerlader im Lieferumfang |
| ABMESSUNGEN/GEWICHT: | B 35 × H 170 × T 35 mm, 0,28 kg |
| HANDBUCH: | in Deutsch |
| PREIS: | ca. 640,– DM |
| VERTRIEB: | Fachhandel, Alleinimporteur Albrecht Electronic GmbH, Otto-Hahn-Str. 7, D-2077 Trittau |
| BEMERKUNGEN: | Ambitionierter, kleiner Handscanner für guten AM- und FM-schmal-Sprechfunkempfang in einem großen Frequenzbereich. |

# Sony AIR-7/8 u. PRO-80

## Aus großer Familie

Wer den AIR-7/8 sieht, wird gleich das große Aha-Erlebnis haben – irgendwie kommt ihm dieser Handscanner bekannt vor. Nun, es gibt ihn einerseits in sage und schreibe vier Versionen, die sich je nach Frequenzbereich unterscheiden. Andererseits ist er auch als PRO-70 mit dem kompletten Kurzwellenbereich, sowie als PRO-80 in gleicher Ausführung, jedoch erweitert um den Konverter FRQ-80 erhältlich. Wer sich also für dieses Gerät entschieden hat, muß bei Preisvergleichen und erst recht beim Kauf genau aufpassen, daß er auch die gewünschten Frequenzbereiche erhält!

Der AIR-7/8 ist – wie der Name schon sagt – mit dem Schwerpunkt „Flugfunk-Empfang" entwickelt worden, während der PRO-70/80 durch den zusätzlichen Kurzwellenbereich und die Betriebsart SSB mehr etwas für den Weltreisenden ist, der mit dem Konverter vor Ort auch die lokalen Stationen empfangen möchte.

Der innere Aufbau und die Bedienung sind jedoch bei allen Versionen ziemlich ähnlich. Für die Bedienung stehen ein Tastenfeld auf der Frontseite und Reglerfeld auf der Oberseite zur Verfügung. Alle Funktionen sind hervorragend über die LCD-Anzeige auf der Frontplatte ablesbar. Die Frequenz selbst läßt sich auf viererlei Weise eingeben: – direkte Eingabe durch das numerische Tastenfeld; hat man eine Frequenz außerhalb des Rasters gewählt, so springt die Anzeige automatisch auf die zunächst gelegene Rasterfrequenz – manuelles Scannen mit den Tasten SCAN- und SCAN+, die den UP- und DOWN-Tasten bei anderen Scannern entsprechen – Speicherfrequenzen: bis zu 40 Frequenzen lassen sich in maximal vier Speicherblöcken (Sony nennt sie „Seiten") ablegen. Jede der Seiten kann mit dem Drehschalter aufgeblättert werden, und der gewünschte Kanal innerhalb dieser Seite ist dann mit dem numerischen Tastenfeld einzustellen. In diesem elektronischen Notizbuch läßt sich im übrigen auch Blättern, ohne daß der Empfang auf der gerade eingestellten Arbeitsfrequenz beeinträchtigt wird. Gegen unbeabsichtigtes Löschen ist die Funktion MEMORY PROTECT vorgesehen. – Den Suchlauf gibt es mit drei verschiedenen Wiederaufnahme-Funktionen:

* SCAN 1 – Sobald ein Sender gefunden ist, stoppt der Suchlauf, und startet auch nicht wieder automatisch neu. * SCAN 2 – Auf der aktiven Frequenz stoppt der Suchlauf für zwei Sekunden und startet danach sofort wieder. * SCAN 3 – Auf der aktiven Frequenz bleibt der Scanner solange stehen, bis der Träger wieder unter die Squelch-Schwelle fällt, um dann erneut zu starten. Die Squelch-Schwelle kann entweder manuell gewählt werden, oder in Stellung AUTO automatisch. Sehr schön ist die Funktion des programmierten Festsender-Suchlaufes, in der die insgesamt 4×10 Sender in programmierbarer Reihenfolge fortlaufend nacheinander abgerufen werden – also beispielsweise Alternativfrequenz eines Funkkreises. Auch über die im Bereich oberhalb von 30 MHz so wichtige Funktion „Prioritätskanal" verfügt der Sony-Scanner.

In der Praxis ist die Bedienung ein wenig gewöhnungsbedürftig, vor allem wegen der Doppelbelegung einiger Tasten ist ein Studium des Handbuches notwendig – jedem Scanner also das, was die Entwickler für seine „Philosophie" halten! Hat man sich jedoch erst einmal an das Bedienungskonzept gewöhnt, so geht es wie am Schnürchen. Seinen eindeutigen Schwerpunkt setzt dieser Scanner im Flugfunkbereich, dort lassen sich nicht nur die nächstgelegenen Airports empfangen, sondern wegen der hohen Empfindlichkeit auch eine Reihe weiterer Stationen. Da in diesem Bereich zudem keine sonderlich hohen Ansprüche an Trennschärfe (Kanalraster 25 kHz!) oder an das Großsignalverhalten gestellt werden, macht der AIR-7 hier eine gute Figur.

Kurz noch zum Frequenzkonverter FRQ-80, der einfach zwischen Antenne und Empfänger gesteckt wird. Er arbeitet automatisch, nimmt also auch die beiden zur Stromversorgung notwendigen Mignonzellen mit auf, deren durchschnittliche Lebensdauer übrigens 80 Stunden beträgt. Um den Konverter zu aktivieren, muß innerhalb des Batteriefaches (des PRO-80, denn hier gehört der Konverter – im Gegensatz zum PRO-70 – zum Lieferumfang) ein Schalter umgestellt werden, Gottseidank läßt sich das Batteriefach mit einer Handbewegung herausnehmen. Im Display erscheint daraufhin die Anzeige S, die darauf hinweist, daß die angezeigte Empfangsfrequenz um 100 MHz verschoben ist. Dann drückt man die sog. „Offsetfrequenz"

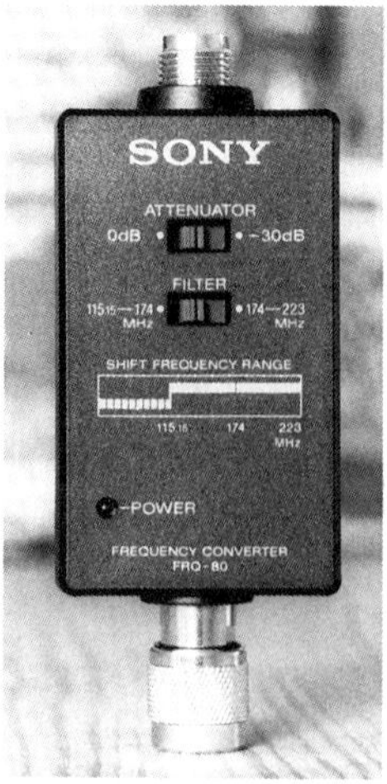

von 115 MHz, und das Frequenzdisplay zeigt nun die tatsächliche Konverterfrequenz an. Im Konverter sind zwei Maßnahmen zur Übersteuerung durch stärkere Sender getroffen. Zum einen ist ein zwischen 0 und 30 dB manuell schaltbares Dämpfungsglied vorhanden, zum anderen ein HF-Bandfilter, das zwischen den Bereichen 115 MHz – 174 MHz sowie 174 MHz – 223 MHz umgeschaltet werden kann. Im Konverterbetrieb stehen am PRO-80 für den Bereich bis 191 MHz sämtliche Betriebsarten zur Verfügung, oberhalb von 191 MHz jedoch nur FM.

Dieser schicke Sony-Empfänger in seinen verschiedenen Varianten wird vielen Funkfreunden gefallen, die sowohl Rundfunk als auch UKW-Sprechfunk empfangen wollen – oder ein besonderes Faible für den Flugfunk haben.

FREQUENZBEREICHE: alle Ausführungen des AIR-7/8 verfügen über die Langwelle von 150 kHz – 530 kHz, die Mittelwelle von 531 kHz – 1603 kHz und die Grenzwelle von 1603 kHz – 2194 kHz. Die Frequenzbereiche oberhalb von 30 MHz sind für jeden der vier Typen unterschiedlich: Typ 1: 76 MHz – 108 MHz und 144 – 174 MHz. Typ 2: 87,6 MHz – 108 MHz und 144 – 174 MHz. Typ 3: 76 MHz – 108 MHz. Typ 4: 87,6 MHz – 108 MHz

Der PRO-70 weist die Bereiche 150 kHz – 46 MHz und 50 MHz – 108 MHz auf, als PRO-80 kommt durch den Konverter FRQ-80 der Bereich von 115,15 bis 223 MHz hinzu. Speicherplätze: 40 (Typ 1 und Typ 2) bzw. 30 (Typ 3 und Typ 4)

ABSTIMMSCHRITTE: 1 kHz auf Lang- und Grenzwelle, 9 kHz oder 10 kHz auf Mittelwelle, 5 kHz zwischen 144 MHz und 174 MHz, 25 kHz im Flugfunkband 108 MHz – 136 MHz, 50 kHz in den übrigen Bereichen

BETRIEBSARTEN: FM-breit, FM-schmal, AM

EMPFINDLICHKEIT: ca. 1 µV bei 12 dB SINAD

TRENNSCHÄRFE: im 25-kHz-Kanalraster in AM mehr als -60 dB

SPIEGELFREQUENZSICHERHEIT: besser als 40 dB

SCHALTUNGSPRINZIP: Doppelsuper mit 1. ZF ca. 55 MHz und 2. ZF 455 kHz

STROMVERSORGUNG: 4 Mignonzellen á 1,5 V bzw. 6 V extern

STROMVERBRAUCH: Standby 70 mA, Empfang 120 mA

ABMESSUNGEN: B 90 × H 182 × T 50 mm

GEWICHT: 620 g

MITGELIEFERTES ZUBEHÖR: Wendelantenne, Ohrhörer, Ledertasche und Trageriemen, bei PRO-80 auch BNC-Adapter und Konverter

BEDIENUNGSANLEITUNG: in Deutsch

PREIS: ca. 650,– DM (Air-7/8), ca. 850,– DM (PRO-80)

VERTRIEB: im Fachhandel

BEMERKUNGEN/WERTUNG: Handscanner für einen begrenzten Anwendungsbereich in Sony-typischem Design

# AOR AR-1500D

## Sogar SSB von 500 kHz bis 1,3 GHz

Lückenlos erfaßt der handliche Scanner AR-1500D den gesamten Bereich von 500 kHz bis 1,3 GHz. Er ist bis dato der einzige Handscanner, der mit seinem regelbaren BFO sogar den Empfang von SSB-Signalen ermöglicht. Mit sage und schreibe 2.000 Speichern – die Hälfte davon ausblendbar – führt er zudem die Spitze in Sachen Speicherkapazität an. Im Lieferumfang sind neben eingebauten Akkus und dem Akkulader auch eine Tragetasche, Gürtelclip, flexible Gummi-Wendelantenne, Batteriefach, Stromkabel zum Anschluß an den Zigarettenanzünder, 5 m lange Wurfantenne mit BNC-Stecker und sogar ein Ohrhörer enthalten. Auch eine deutschsprachige Bedienungsanleitung liegt bei.

## SSB-Empfang mit BFO

Die Bedienung erfolgt hauptsächlich über das Tastenfeld. Erfreulicherweise ist auf der Oberseite aber auch ein Drehknopf für die Frequenzwahl vorhanden. Damit läßt sich schnell und übersichtlich manuell ein Frequenzbereich absuchen. Die Abstimmschritte sind in kleinsten Schritten zu 5 bzw. 12,5 kHz zwischen 5 kHz und 995 kHz einstellbar. Damit kann man sich bei jedem Band und in jeder Betriebsart (außer SSB und Mittelwelle) problemlos von Kanal zu Kanal hangeln. Wegen der großen AM-Bandbreite gibt es in der Praxis auf Mittelwelle (Kanalraster: 9 kHz) allerdings auch kaum Probleme. Und vielfach ermöglicht der BFO auch, z.B. Amateurfunksender in SSB zu empfangen. Hierfür wird nämlich das AM-Filter eingesetzt, so daß ein SSB-Signal immer innerhalb dieser Bandbreite liegen dürfte. So mancher Scanner-Besitzer benutzt die Betriebsart SSB allerdings auch zum illegalen Decodieren der lediglich „verschleierten" Sendungen im Autotelefonnetz B. Die Sprachinvertierung kann hierdurch behelfsmäßig wieder rückgängig gemacht werden.

Außergewöhnlich ist bei einem Handscanner das automatische Abspeichern von Frequenzen, die während des Suchlaufes als belegt erkannt wurden. Nach dieser so praktischen Funktion wird zwar immer wieder gefragt, sie wurde bisher aber nur bei größeren Empfängern – wie z.B. dem IC-R7100 mit der Funktion „Auto Write" – geboten. Die Bedienung des Empfängers ist nicht zuletzt dank des gut ablesbaren LC-Feldes recht übersichtlich, auch die Gestaltung des Tastenfeldes trägt dazu bei. Auf der Oberseite finden sich zwei einfache und ein Doppelregler; mit letzterem werden Squelch und BFO eingestellt. Außerdem ist von oben der

Schalter für das Dämpfungsglied (20 dB) zugänglich, mit dem sich der Scanner beim Empfang stark belegter Frequenzbereiche wieder in den linearen Bereich zurückschalten läßt. Auch kann das Tastenfeld elektronisch mit einem Taster gesperrt werden. Und ein weiterer Schalter ist zum Ein- und Ausschalten des BFO vorgesehen.

## Vom Suchlauf automatisch in den Speicher

Von der Software her weist der AR-1500D alle Annehmlichkeiten auf, die man bei einem Scanner dieser Preis- und Leistungsklasse erwarten darf – und sogar noch ein paar mehr. Die 2000 Speicherplätze werden in zehn Banken zu je 200 Speichern organisiert. Die Hälfte der Speicher läßt sich markieren, um sie aus dem automatischen Suchlauf herauszunehmen. Der Suchlauf kann entweder in einer Speicherbank, im gesamten Frequenzbereich oder innerhalb eines durch Eckfrequenzen festgelegten Teilbereiches stattfinden – und zwar mit dem ziemlich hohen Tempo von immerhin 20 Kanälen/Sekunde. Einer der 1000 Speicherfrequenzen läßt sich darüber hinaus zum Vorzugskanal erklären, auf den bei aktivierter Prioritäts-Schaltung der Scanner in regelmäßigen Zeitabständen immer wieder automatisch schaltet.

## Praxis: am stärksten bei FM-Sprechfunk

Den Empfang probierten wir zunächst unter 30 MHz aus, wo sich erwartungsgemäß das AM-Filter als zu breit erwies, um im 5-kHz-

Raster zu trennen. Stationen allerdings, die weitgehend frei stehen, lassen sich störungsfrei und in guter Qualität empfangen – also beispielsweise die BBC auf den Frequenzen 9.410 kHz und 15.070 kHz. Da es kein Extra-Filter für SSB gibt, ist in dieser Betriebsart das AM-Filter erst recht zu breit. Außerdem beträgt das kleinste Abstimmraster 5 kHz – ein SSB-Kanal ist aber kaum 2,5 kHz breit. Der regelbare BFO aber bringt auch viele SSB-Stationen zu Gehör, wie wir im 20-m-Amateurfunkband feststellen konnten. Auch für behelfsmäßigen Empfang von Wetterstationen in SSB reicht der AR-1500D aus.

Gedacht ist das AM-Filter natürlich in erster Linie für den Empfang im Flugfunkband, in dem das Kanalraster 25 kHz beträgt. Also schnell auf Wettersender („Volmet") in diesem Band gedreht: der Empfang ist wenigstens befriedigend. Etwas störte das Rauschen, das auf die nicht allzugroße Empfindlichkeit zurückzuführen ist. Der Suchlauf im Flugfunkband blieb überdies bei einigen Rundfunksendern stehen, die durch Fehlmischung oder Großsignaleffekte sich in dieses Band verirrten. Rundfunkempfang im UKW-Bereich und selbstverständlich auch im OIRT-Band ist dank des durchgehenden Frequenzbereiches gesichert. Empfangen werden können vor allem die etwas stärkeren Stationen, während ein schwächerer Sender neben einem stärkeren Brummer wegen des recht breiten ZF-Filters an die Wand gedrückt wird. Domäne des Scanners ist denn auch der Sprechfunkempfang in FM-schmal. Das Abkurbeln der Bänder 2 m und 70 cm zeigte die guten Eigenschaften bei einem Kanalraster von 25 kHz und bei Stationen aus dem näheren Umkreis. Es ist erstaunlich, daß derartige Technik überhaupt in ein so kleines Gehäuse eingebaut werden kann. Wem es vor allem auf die geringen Abmessungen ankommt, der wird mit den kleinen Nachteilen des AR-1500D sicherlich zu leben wissen.

| | |
|---|---|
| BEZEICHNUNG: | AOR AR-1500D |
| HERSTELLER: | AOR |
| TYP: | Handscanner |
| FREQUENZBEREICHE: | 500 kHz – 1,3 GHz |
| SPEICHERPLÄTZE: | 2000 |
| ABSTIMMSCHRITTE: | 5 – 995 kHz, einstellbar im Raster von 5 kHz oder 12,5 kHz |
| SUCHLAUF-GESCHWINDIGKEIT: | ca. 20 Kanäle/Sekunde |
| BETRIEBSARTEN: | FM-schmal, FM-breit, AM, SSB und CW mit BFO |
| EMPFINDLICHKEIT: | bis zu 0,12 µV in FM-schmal (12 dB SINAD) |
| STROMVERSORGUNG: | 6 V mit Akkus (im Lieferumfang) oder 12 – 18 V extern, 98 – 124 mA |
| ABMESSUNGEN/GEWICHT: | B 55 × H 152 × T 40 mm, 0,39 kg |
| HANDBUCH: | Deutsch |
| PREIS: | ca. 720,– DM |
| VERTRIEB: | Fachhandel, Alleinimporteur bogerfunk, Grundesch 15, D-7960 Aulendorf |
| BEMERKUNGEN: | Guter Handscanner für FM-Sprechfunk mit großem Frequenzbereich und Speicherumfang sowie SSB. |

# Black Jaguar BJ 80

## Trennscharf auf 4 m:

Wer mit diesem Scanner erwischt wird, kann sich nicht herausreden: durch seinen Frequenzbereich von 70 MHz bis 87,455 MHz ist der BJ 80 ausschließlich für das 4-m-Sprechfunkband geeignet, in dem im wesentlichen die BOS-Dienste arbeiten, die Polizei also ebenso wie Feuerwehr oder Rotes Kreuz.

Der BJ 80 vertritt diese Spezies der Sonderscanner in schlichtem Gewand, aber zweckmäßiger Ausführung. So ist der Empfänger – durchaus hochwertig – als Doppelsuper geschaltet. Spiegelfrequenzen liegen somit außerhalb des Empfangsbereiches. Die Abstimmung erfolgt über Dekadenschalter in Schritten zu 5 kHz, und als Betriebsart ist lediglich FM-schmal vorgesehen, weil es etwas anderes in diesem Frequenzbereich ohnehin nicht gibt. Im Mittelpunkt steht die außerordentlich gute Trennschärfe, die für den Empfang von FM-Sprechfunksendungen optimiert wurde. Auch die Empfindlichkeit kann sich sehen lassen. Daß der Handscanner nur über vier Speicherkanäle verfügt, wird man beim Hauptanwendungszweck verschmerzen können – und der dürfte gerade darin liegen, die wesentlichen Hauptkanäle in diesem Band immer wieder auf ihre Aktivität hin abzutasten. Der Suchlauf schafft die vier Kanäle in weniger als einer halben Sekunde, also es entgeht einem wahrlich auch nicht der kürzeste „Durchgang".

Das Gerät ist gleich mit einem Akku ausgestattet, ein Ladegerät gehört ebenso zum Lieferumfang wie die Gummi-Wendelantenne und der Ohrhörer, den man zumindest in der Öffentlichkeit einsetzen sollte. Mit 100 mA Stromverbrauch ist der Scanner recht sparsam.

| | |
|---|---|
| BEZEICHNUNG: | Black Jaguar BJ 80 |
| TYP: | Handscanner für 4 m |
| FREQUENZBEREICHE: | 70 MHz – 87,455 MHz |
| SPEICHERPLÄTZE: | 4 Frequenzen |
| ABSTIMMSCHRITTE: | 5 kHz |
| SUCHLAUF-GESCHWINDIGKEIT: | 10Kanäle/Sekunde |
| BETRIEBSARTEN: | FM-schmal |
| BANDBREITEN: | Kanaltrennung 60 dB bei 10 kHz |
| EMPFINDLICHKEIT: | 0,5 µV/12 dB SINAD |
| SPIEGELFREQUENZ-SICHERHEIT: | besser als 40 dB |
| SCHALTUNGSPRINZIP: | Doppelsuper mit 1. ZF 21,4 MHz und 2. ZF 455 kHz |
| STROMVERSORGUNG: | 5,6 V Gleichspannung, max. 100 mA |
| ABMESSUNGEN/GEWICHT: | B 64 × H 140 × T 27 mm, 205 g |
| MITGELIEFERTES ZUBEHÖR: | Akku, Ladegerät, Gummi-Wendelantenne, Ohrhörer |
| HANDBUCH: | in Deutsch |
| PREIS: | ca. DM 398,– |
| VERTRIEB: | Albrecht Electronic GmbH, Otto-Hahn-Str. 7, D-2077 Trittau |
| BEMERKUNGEN: | Trennscharfer Spezialscanner für das 4-m-Band, Frequenzwahl über Dekadenschalter |

# Black Jaguar BJ 200 MK III

Der Black Jaguar 200 MK III ist – die Bezeichnung MK III läßt es bereits ahnen – die dritte Version dieses handlichen Scanners. Geboren als BJ 200, erreichte er die Jugend als BJ 200 MK und tritt nun in das Erwachsenen-Leben unter der Bezeichnung BJ 200 MK III ein. Er wurde dabei von Version zu Version verbessert, was anfangs auch nötig war. Die MK III-Version aber ist eine abgerundete Sache auf kleinem Raum.

Der Scanner umfaßt seinen Frequenzbereich in fünf verschiedenen Bändern, wobei als Besonderheit auch noch der oberste Kurzwellenbereich von 26 MHz – 30 MHz mit berücksichtigt wurde – für den, der CB-Funk auf genehmigten und ungenehmigten Frequenzen abhören möchte. Die garantierten Bereiche, die in der Praxis noch großzügig (mindestens 10%) nach unten wie oben erweitert sind, sehen wie folgt aus:

26 MHz – 30 MHz, 60 MHz – 88 MHz, 115 MHz – 178 MHz, 210 MHz – 260 MHz und 410 MHz – 520 MHz.

Mit 16 Kanälen fällt die Anzahl der Speicher überaus bescheiden aus. Aber die wichtigsten Lokalkanäle lassen sich in diesem Platz natürlich gut unterbringen.

Die Betriebsart läßt sich zwischen AM und FM unabhängig vom Frequenzbereich umschalten, so daß nicht nur im üblichen Flugfunkband entsprechender Funkverkehr empfangen werden kann, sondern wenigstens prinzipiell die Möglichkeit besteht, auch militärischen Flugfunk in den höheren Bereichen abzuhören.

Wie bei allen Scannern dieser Preisklasse mit Kurzwellenteil, so ragt der Bereich unter 30 MHz auch bei diesem Gerät nicht besonders hervor. Nur die größeren und ungestörten, starken Rundfunksender der Bänder 16 m, 13 m und 11 m können gehört werden. Das aber ist ja nicht der Hauptanwendungsbereich – ebenso nicht der CB-Funk, der natürlich auch „geht". Hapert es bei dem doch feinen Stationsraster unter 30 MHz in erster Linie an der Empfindlichkeit des Scanners, so finden wir ja ab 30 MHz ein Raster von 20 kHz bzw. 25 kHz, mit dem der BJ 200 MK III gut fertig wird. Der Suchlauf arbeitet recht zügig und checkt die max. 16 Kanäle in nicht einmal zwei Sekunden auf ihre Aktivität. Bei einem Signal bleibt er dort stehen und hetzt erst dann wieder weiter, wenn das Signal länger als zwei Sekunden verschwunden ist.

Da die Vorzüge dieses Scanners eindeutig in seinen geringen Abmessungen liegen, ist er für die unbemerkte Beobachtung eines Funknetzes vor Ort zu empfehlen. Der Ohrhörer dazu befindet sich im Lieferumfang.

Der BJ 200 MK III wird komplett mit Akku und Ladegerät für unter 600,– DM angeboten. In dieser Preisklasse steht er damit sicherlich an der Spitze!

| | |
|---|---|
| BEZEICHNUNG: | Black Jaguar BJ 200 MK III |
| TYP: | Handscanner |
| FREQUENZBEREICHE: | 26 MHz – 30 MHz, 60 MHz – 88 MHz,<br>115 MHz – 178 MHz, 210 MHz – 260 MHz,<br>410 MHz – 520 MHz |
| SPEICHERPLÄTZE: | 16 |
| ABSTIMMSCHRITTE: | 5 bzw. 10 oder 12,5 kHz |
| SUCHLAUF-GESCHWINDIGKEIT: | 10 Kanäle/Sekunde |
| BETRIEBSARTEN: | AM und FM-schmal |
| BANDBREITEN: | Kanaltrennung besser als 60 dB im 20-kHz-Raster |
| EMPFINDLICHKEIT: | besser als 0,5 µV SINAD bis 260 MHz,<br>besser als 0,7 µV ab 410 MHz |
| SQUELCH-SCHWELLE: | besser als 0,4 µV |
| SPIEGELFREQUENZ-SICHERHEIT: | besser als 40 dB |
| SCHALTUNGSPRINZIP: | Doppelsuper mit 10,7 MHz als 1. ZF und 455 kHz als 2. ZF |
| STROMVERSORGUNG: | 6 V Gleichspannung, zwischen 80 mA und 170 mA |
| ABMESSUNGEN/GEWICHT: | B 80 × H 185 × T 37 mm, 470 g |
| MITGELIEFERTES ZUBEHÖR: | Gummi-Wendelantenne, Kunstleder-Tragetasche,<br>Ohrhörerstecker, Ladegerät |
| HANDBUCH: | in Deutsch |
| PREIS: | ca. DM 578,– |

VERTRIEB: Albrecht Electronic GmbH, Otto-Hahn-Str. 7, D-2077 Trittau

BEMERKUNGEN: Handlicher, preiswerter Taschenscanner mit mittleren Leistungen

# IC-R1 von ICOM

## Die ganze Welt in der Faust

Als dieser Mini-Handscanner mit seinem zumindest in der internationalen Ausführung geradezu riesigen Frequenzbereich angekündigt wurde, war die Neugierde nicht nur in der Fachwelt groß. Jeder fragte sich, wie der Hersteller ein derart attraktives Konzept in eine so kleine Kiste konstruieren kann. Die Neugierde legte sich und machte gewisser Ernüchterung breit, als dann die ersten Geräte auf den Markt kamen.

Doch zunächst zu den Eigenschaften dieses Scanners: In seiner internationalen Version überstreicht er lückenlos den Frequenzbereich von 100 kHz bis 1.300 MHz. Er verfügt über 100 Speicher und zur Stromversorgung über einen innovativen Mini-Akkublock mit einer Kapazität von 300 mAh. In seinen Grundfunktionen ist er durch die Kombination von numerischem Tastenfeld und Drehknopf auf der Oberseite recht einfach zu bedienen. Jede der Tasten aber ist doppelt belegt, was natürlich nicht nur die Funktionen verdoppelt, sondern auch höhere Ansprüche an die Bedienung stellt. Der Scanner bietet alle Möglichkeiten wesentlich größerer Geräte, wenn es um Speicherverwaltung und Suchlauf geht. Er setzt hinsichtlich der Batterie-Ökonomie die üblicherweise bei Handsprechfunkgeräten anzutreffenden „Warte-Stellungen" (Stand by) fort. So reduziert sich bei einer üblichen Form des Überwachungs-Modus der Stromverbrauch von 300 mA auf 15 mA! Besonders für die mobile Überwachung wenig aktiver Frequenzen ist das ein Vorteil. Der Scanner ist sogar mit einer Uhren- und Timer-Funktion versehen. Was jedoch in den technischen Daten und auf dem Prospekt so schick aussieht, macht in der Praxis einen ziemlich anderen Eindruck. Wegen der viel zu großen Bandbreite von 15 kHz – das entspricht dem dreifachen Kanalraster! – trennt er Rundfunksender unter 30 MHz nicht voneinander und ist hierfür unbrauchbar. In den höheren Frequenzbereichen sind seine Großsignaleigenschaften derart ungünstig, daß in manchen Gegenden der Suchlauf selbst an der kurzen Gummi-Wendelantenne überhaupt nicht klappt und selbst stärkere Stationen zugedeckt werden. Die unterdurchschnittliche Spiegelfrequenzfestigkeit vervielfacht diese Probleme zusätzlich.

In seiner jetzigen Form ist der IC-R1 eine hervorragende Idee – mehr nicht. Und da dieser Taschenscanner sehr hohe Erwartungen geweckt hat, sei dieses recht harte Urteil auch noch durch eine etwas ausführlichere Betrachtung der Praxis – unterteilt nach Bedienung und Wiedergabe – untermauert.

# Mit dem Fingernagel tasten

Das Hauptbedienfeld des IC-R1 befindet sich auf der Frontseite: oberhalb des Lautsprecherfeldes ist das LC-Display für die Anzeige aller wichtigen Daten wie Frequenz, Raster, Speicherplatznummer, Betriebsart sowie verschiedener anderer Betriebszustände untergebracht. Unter dem Lautsprechergrill befindet sich die Tastatur mit den 16 Winzigtasten, die auch noch doppelt belegt sind und sich am besten mit dem Fingernagel tasten lassen. Ihre erste Funktion springt durch die weiße Tastaturaufschrift sofort ins Auge, während die zweite Funktion – in Blau über der jeweiligen Taste bezeichnet – nach Betätigung der seitlich angebrachten F-Taste aufgerufen wird. Diese Funktionen dienen vor allem der Beherrschung verschiedenster Speicherfunktionen. So lassen sich entweder alle Speicher automatisch durchlaufen oder nur die nicht markierten. Des weiteren können in bis zu zehn Banken je eine Anfangs- und eine Endfrequenz programmiert werden, zwischen denen der Empfänger dann im Programmsuchlauf im gewünschten Raster nach Aufruf dieser Funktion selbsttätig sucht. So lassen sich also beispielsweise Anfangs- und Endfrequenzen von Amateurfunkbändern, Rundfunkbereichen oder Eckfrequenzen anderer Frequenzbereiche eingeben.

In Holland, wo das Abhören beispielsweise des Polizeifunks erlaubt ist, wird man sich die Anfang- und Endfrequenzen des Polizeifunkbandes programmieren und kann dann im Suchlauf an jedem Ort und zu jeder Zeit blitzschnell eine evtl. Aktivität in diesem Band feststellen. Diese „Speicher" sind – zur Unterscheidung von den anderen 100 Speichern – mit einem Buchstaben bezeichnet. Mit dem Speichersuchlauf können auch nur die Speicher mit der gleichen Betriebsart nacheinander aufgerufen werden. Eine Programmierung wichtiger Grundfunktionen ist im SET-Modus möglich. Hier kann z.B. auch die Uhrzeit gestellt werden, denn eine Digitaluhr – sogar mit Sleep- und Schaltfunktion! – ist ebenfalls eingebaut.

Bevor wir uns jetzt aber in weiteren Funktionsbeschreibungen verlieren und der Leser meint, er hätte eher einen Taschenrechner als ein Radio vor sich, wollen wir uns doch schnell in die Praxis dieses Winzlings begeben.

Und die Bedienung ist wirklich ganz einfach, selbst wenn man nicht mit der Icom-Logik vertraut ist. Beste Bestätigung dafür ist wohl, daß sie selbst nach der beiliegenden Bedienungsanleitung in Japanisch gelang! Denn wir bekamen eines der ersten Difona-Geräte ganz frisch aus Japan und – zunächst – nur mit japanischer Bedienungsanleitung.

## *In der Praxis gemischte Eindrücke*

Die mitgelieferte, flexible Gummiwendel-Antenne FA-4B ist eigentlich nur für den VHF/UHF-Bereich geeignet, so daß wir alternativ dazu auch mit einem direkt auf die Antennenbuchse aufgesteckten Teleskopstab von 1 m Länge arbeiteten. Leider läßt sich das LC-Display des Empfängers nur dann optimal ablesen, wenn das Gerät fast liegt; die Antenne wäre dann am empfindlichsten für horizontal polarisierte Signale. Weil aber nun im VHF/UHF-Bereich fast alle Stationen vertikal polarisiert arbeiten, geht ein Teil der ohnehin nicht sehr großen Empfindlichkeit noch für die Polarisationsdämpfung drauf.

Zuerst probierten wir den Empfänger auf Mittelwelle aus, wo sich der Ortssender NDR-Hannover auf 828 kHz von 660 kHz bis 1.140 kHz vernehmlich dehnte. Außer Ortssender-Empfang ist also auf Mittelwelle nichts drin. Daß die Langwelle zwar angegeben, aber in ihren Daten nicht spezifiziert ist, hat auch seinen Sinn: selbst bei stärksten LW-Signalen ist dem Lautsprecher kein Signal zu entlocken. Also auf Kurzwelle, zunächst in das 49-m-Band. Da es für AM nur eine Bandbreite von 15 kHz (-6dB) gibt, in die also drei Hörfunkkanäle zusammen hineinpassen, kann auf Kurzwelle ein Sender nur dann halbwegs verständlich empfangen werden, wenn er a) sehr stark ist und b) wenn „links" und „rechts" mindestens ein

Kanal frei ist. Wer da an einem Tag im gesamten Bereich mehr als 10 Stationen findet, hat größeres Glück als ein Lottokönig. Uns gelang es nur, drei oder vier Rundfunksender zwischen 2 MHz und 30 MHz halbwegs gut zu hören. Beispielsweise die BBC London auf 9.410 kHz. Aber auch hier Vorsicht: die Großsignaleigenschaften des IC-R1 können selbst solche Ideal-Situationen wieder zunichte machen – dann nämlich, wenn beispielsweise das Eurosignal um 88 MHz auf Kurzwelle durchschlägt... Das Fazit für Lang-, Mittel- und Kurzwelle jedenfalls ist ernüchternd. Jeder auch noch so preiswerte und kleine Kaufhaus-Einfach(!)-Superhet bringt überzeugend bessere Ergebnisse. Aber nun ist der Empfänger ja auch nicht als Kurzwellen-Maschine annonciert, wofür ihm im übrigen ja auch eine SSB-Empfangsmöglichkeit fehlt. Der große Reiz des Gerätes liegt ja eher über 30 MHz.

Also kurbelten wir zunächst den UKW-Bereich ab. Auch hier trafen wir auf eine unglückliche Kombination von schlechtem Großsignalverhalten, zu großer Bandbreite und mittlerer Empfindlichkeit. Ein Beispiel: Der Deutschlandfunk auf 103,5 MHz war noch bis 104,220 MHz zu hören, während der schwache NDR-3-Sender auf 104,4 MHz im Rauschen verschwand. Für den UKW-Rundfunk kann fast das gleiche wie für Kurzwelle gesagt werden. Starke Signale mit etwas Platz links und rechts setzen sich durch, schwächere wie z.B. Radio Bremen haben das Nachsehen. Mit der Gummi-Wendelantenne sind sie ohnehin nicht einmal zu ahnen, während die Teleskopantenne für halbwegs brauchbaren Empfang schon recht geschickt in den richtigen Winkel positioniert werden mußte.

Auf noch höheren Frequenzen haben wir z.B. den Empfang des Fernsehtones überprüft. Hier sind die Kanäle recht frei und wenn die mittlere Empfindlichkeit nicht schadet, so ist der Tonempfang ganz brauchbar. Was Schmalband-FM angeht, so konnten wir die allernächsten Relaissender im 2-m-Band gut empfangen. Wettersendungen im Flugfunkbereich (AM) ließen sich aufgrund des dortigen Kanalrasters weitgehend ohne Nachbarkanalstörungen empfangen. Möchte man jedoch mehr als nur den örtlichen Flughafen hören, so wirkt dem die eher mangelnde Empfindlichkeit entgegen, während sich der Anschluß einer größeren Antenne wegen evtl. Großsignalprobleme von selbst verbietet.

Der abschließende Eindruck vom IC-R1 ist recht zwiespältig. Positiv zu würdigen sind die extrem winzigen Abmessungen, der außergewöhnlich große Frequenzbereich und die hervorragende Verarbeitung. Auf der Negativseite fallen dann aber Eigenschaften ins Gewicht, die das Gerät in der Praxis erst ab etwa 30 MHz überhaupt brauchbar werden lassen – und auch dann nur sehr eingeschränkt. So richtig glücklich werden mit dem IC-R1 sicherlich nur solche Anwender, die – beispielsweise auf einem Flugplatz – „ihre" Ortsfrequenz abhören wollen. Oder unauffällig mit „Knopf im Ohr" als Polizeireporter einen Einsatz mithören möchten. Da das Gerät allem Anschein nach auch für ein solches Publikum entwickelt wurde, wird er sicherlich in seiner internationalen Version mit durchgehendem Bereich auch einigen Erfolg haben.

P.S. Völlig unverständlicherweise hat die Icom Europe GmbH ihre Deutschland-Ausführung auf nur fünf Amateurfunkbereiche beschränkt, obgleich für Funkamateure eine solche Beschränkung in keiner Weise erforderlich ist und der Empfänger eine Allgemeine Genehmigung für den Nicht-Funkamateur auch bei einem beträchtlich größeren Frequenzbereich erhalten hätte (z.B. 128,5 kHz – 30,3 MHz, 50 MHz – 54 MHz, 70 MHz – 70,4 MHz, 87,5 MHz – 108 MHz, 144 MHz – 146 MHz, 430 MHz – 440 MHz und 1.240 MHz – 1.300 MHz).

Dem Vernehmen nach kann der Fachhandel den IC-R1 jedoch auf Wunsch so modifizieren, daß sich der Empfangsbereich der internationalen Ausführung ergibt.

BEZEICHNUNG: ICOM IC-R1

TYP: Mini-Handscanner

FREQUENZBEREICHE: 100 kHz bis 1.300 MHz durchgehend in der internationalen Version (bei Difona/Offenbach). Die Ausführung von Icom Europe für Deutschland erfaßt lediglich die folgenden Bereiche: 13,95 MHz – 14,5 MHz, 28,0 MHz – 29,7 MHz, 144,0 MHz – 146,0 MHz, 430,0 MHz – 440,0 MHz und 1.240,0 MHz – 1.300,0 MHz

SPEICHERPLÄTZE:
100, plus 20 Eckfrequenzen für zehn selbst programmierbare Bereiche

ABSTIMMSCHRITTE: 500 Hz, 5 kHz, 8 kHz, 9 kHz, 10 kHz, 12,5 kHz, 15 kHz, 20 kHz, 25 kHz, 30 kHz, 50 kHz, 1 MHz, 10 MHz und 100 MHz

BETRIEBSARTEN: AM, FM-schmal, FM-breit

BANDBREITEN: 15 kHz (-6 dB) für AM und FM-schmal, 150 kHz (-6 dB) für FM-breit

EMPFINDLICHKEIT: 0,4 µV bei 12 dB SINAD

SCHALTUNGSPRINZIP:
Dreifachsuper mit 1. ZF 266,7 MHz, 2. ZF 10,7 MHz und 3. ZF 455 kHz

STROMVERSORGUNG: 7,2 V

ABMESSUNGEN/GEWICHT: B 49 × H 102 × T 35 mm, 280 g

MITGELIEFERTES ZUBEHÖR: Gummi-Wendelantenne, Akku-Ladegerät

EXTRA-ZUBEHÖR: u.a. breites Angebot unterschiedlich leistungsfähiger Akkupacks
HANDBUCH: in Englisch, Deutsch je nach Vertriebsweg

PREIS: ca. 1.000 DM

VERTRIEB: Fachhandel, Prospekte über Icom Europe GmbH, Himmelgeister Str. 100, D-4000 Düsseldorf

# Yupiteru MVT-7000

## Einfache Bedienung

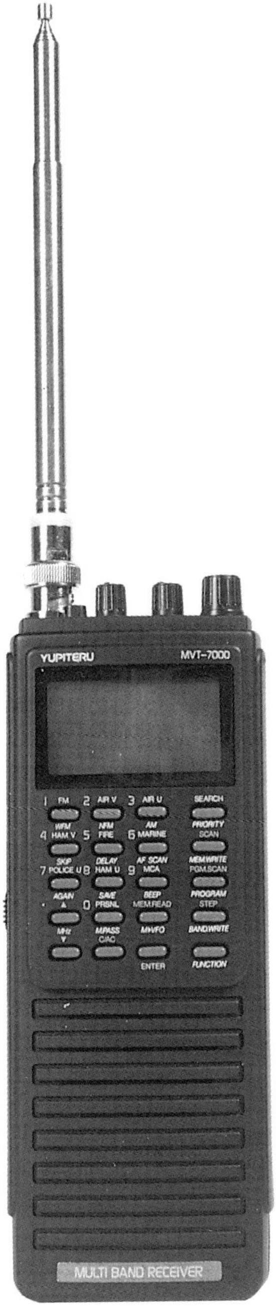


Yupiteru hat sich in den letzten Jahren mit außergewöhnlich kleinen und hervorragend verarbeiteten Scannern eine Außenseiter-Position erkämpft und rückt nun mit technisch immer ausgereifteren Scannern in das Herz des von den Standardmarken berherrschten Marktes vor. Als eine hervorragende Speerspitze in dieser Richtung dürfte sich der Handscanner MVT-7000 erweisen, der mit einem garantierten Riesen-Frequenzbereich von 8 MHz bis 1,3 GHz geliefert wird, sich aber sogar bis zur Langwelle 100 kHz hinunter abstimmen läßt.

Der außergewöhnlich gut in der Hand liegende, fast organisch anmutende Scanner gebietet über immerhin 200 Speicherplätze in zehn Banken zu je 20 Kanälen und einen Vorzugskanal, der sich in regelmäßigen Abständen automatisch abtasten läßt. Darüber hinaus stehen noch insgesamt zehn Bereiche zur Verfügung, in denen – wohl nach amerikanischem Muster – automatisch Frequenzschritte und Betriebsart vorgewählt werden. Beispielsweise also im Bereich zwischen 108 MHz und 142 MHz ein Raster von 50 kHz und die Betriebsart AM – Flugfunk ist hier angesagt. Selbstverständlich kann man diese Automatik manuell „überstimmen", was in diesem Fall wegen des Rasters sogar manchmal erforderlich sein wird. Damit lassen sich zehn Kanäle nach Betriebsart, unterer und oberer Eckfrequenz sowie Frequenzraster ganz individuell selbst konfigurieren – z.B. so, daß man mit einem Dreh am Abstimmknopf alle Relais-Ausgabefrequenzen im 2-m-Amateurfunkband erfaßt.

Bedient wird der Scanner gottlob nicht nur über das Tastenfeld, sondern er verfügt auch über einen rastenden Drehknopf für die Abstimmung wie bei einem halbwegs normalen Radio. Noch ein Wort zum Tastenfeld: hier läßt sich jede Frequenz direkt eintippen, ohne vorher den Weg oder Umweg über die vorherige Eingabe eines Speicherplatzes zu gehen. Die meisten der schmalen und glatten Tasten mit ihrem deutlichen Druckpunkt – der so etwas an das Knacken einer Fliege erinnert – sind zweifach belegt. Die erste Funktion ist in Blau gegenüber der zweiten Funktion in Weiß übersichtlich abgesetzt. Das Display ist eines der raren Beispiele, bei denen auch eine Anzeige der relativen Signalstärke („S-Meter") bereits integriert ist. Dadurch kann man seine Antenne optimieren und auch Vergleiche anstellen. Damit sich das Display gut ablesen läßt, kann man es auf Knopfdruck beleuchten und – noch ein Novum – sogar für beliebige Betrachtungswinkel mit einem Rändelrädchen auf der linken Seite optimieren. Daß das Display unter einer Kunststoffabdeckung von der seltsamen Qualität eines Brillenglases für Patienten mit Grauem Star ist, schmälert in bestimmten Winkeln durch Spiegelungen allerdings wieder diese ansonsten gut durchdachte Lösung.

Der MVT-7000 wird mit mustergültigem Zubehör ausgeliefert. Nicht nur Akkus sind bereits im Gerät vorhanden, sondern es zählen auch Netzteil/Ladestecker, Anschluß für eine Stromversorgung über die Zigaretten-Anzünderbuchse eines Pkw und eine ausziehbare Teleskopantenne mit BNC-Anschluß (statt der üblichen und nicht immer leistungs-optimierten Gummi-Wendelantennen) zum Lieferumfang.

Der eigentliche Suchlauf ist „intelligent". Er läßt sich so schalten, daß er nur dann stoppt, wenn auf dem entsprechenden Kanal auch eine Modulation anliegt – also etwa gesprochen wird. Die Frequenzwahl erfolgt entweder durch direkte Eingabe mit dem Tastenfeld oder das Weiterschalten in Richtung oberer bzw. unterer Frequenzen im zwischen 5 kHz und 995 kHz wählbaren Frequenzraster mit dem Drehknopf auf der Oberseite oder mit den Tasten UP bzw. DOWN des Tastenfeldes. Für den automatischen Suchlauf stehen verschiedene Möglichkeiten zur Verfügung, so das Suchen nach aktiven Frequenzen innerhalb eines der zehn Bänder, einer der zehn Banken und das Scannen der Speicherplätze. Hiervon lassen sich elektronisch markierte Kanäle ausnehmen.

Drei weitere und auch nicht ganz unwichtige Funktionen sind: Abschaltmöglichkeit des Quittungstones, Aktivierung einer Batterie-Sparschaltung und das schaltbare Dämpfungsglied zum Reduzieren der Eingangsspannung.

Der Empfang mit diesem sehr ambitionierten und empfindlichen Gerät ist gut, wobei sich die besten Ergebnisse im FM-Sprechfunk ergeben. Hier überzeugt das Gerät durch eine klare, und sehr verständliche Wiedergabe. In der Betriebsart AM wird wohl das selbe Filter eingesetzt, das damit selbst für den Flugfunk eindeutig zu breit ist. So richtig allerdings fällt das nur unter 30 MHz auf, wo ein Rundfunksender denn gleich 20 kHz belegt und damit nur den Empfang wirklich weit und breit freistehender Stationen (BBC 9410 ist die Traumfrequenz dafür) ermöglicht. Im Flugfunk ergeben sich keine echten Probleme mit der Trennschärfe, allerdings wäre der Empfang mit einem schmaleren Filter vor allem hinsichtlich des Rauschens noch besser. Als einer der wenigen Handscanner von Format bietet der MVT-7000 auch den UKW-Rundfunkempfang, der nur bei starker Belegung des Bandes hinsichtlich des ZF-Filters an seine Grenzen stößt, während Großsignalprobleme – wie ein durchschlagender Europieper – in aller Regel durch Einschalten des Dämpfungsgliedes ausgeräumt werden können.

Der MVT-7000 ist damit ein einfach zu bedienender, flexibel zu programmierender und empfangsstarker Handscanner, der sich die Spitze seiner Klasse mit nur zwei, drei Geräten teilt. Der Scanner MVT-7000 ist jetzt in Deutschland offiziell zugelassen.

| | |
|---|---|
| BEZEICHNUNG: | MVT-7000 |
| HERSTELLER: | Yupiteru |
| TYP: | Handscanner |
| FREQUENZBEREICHE: | 8 MHz – 1,3 GHz (garantierter Bereich; zusätzlich zwischen 100 kHz und 8 MHz abstimmbar) |
| SPEICHERPLÄTZE: | 200 |
| ABSTIMMSCHRITTE: | 5/10/12,5/25/50/100 kHz |
| SUCHLAUF-GESCHWINDIGKEIT: | ca. 15 Kanäle/Sekunde |
| BETRIEBSARTEN: | AM, FM-schmal, FM-breit |
| EMPFINDLICHKEIT: | besser als 0,5 µV in FM-schmal bis 1 GHz, besser als 1 µV darüber (bei 12 dB SINAD) |
| STROMVERSORGUNG: | vier Akkus (im Lieferumfang) bzw. 12 V extern, Lade-/Netzgerät im Lieferumfang, Stromverbrauch zwischen 95 und 160 mA |
| ABMESSUNGEN/GEWICHT: | B 64 × H 159 × T 40 mm, 0,33 kg |
| HANDBUCH: | Deutsch |
| PREIS: | ca. 850,– DM |
| VERTRIEB: | Fachhandel, Alleinimporteur bogerfunk, Grundesch 15, D-7960 Aulendorf |
| BEMERKUNGEN: | Leistungsstarker, einfach zu bedienender und schneller Handscanner mit guter Ausstattung. |

# Realistic PRO-35

## – handlich und stark

Der PRO-35 wird von der bekannten Firma Uniden auf den Philippinen gefertigt und unter vielen Markennamen – z.B. Realistic – vertrieben. Ein Blick in das Innere dieses handlichen Gerätes zeigt am besten, welche Fortschritte die Scanner-Technik gemacht hat: die gesamte Elektronik ist sehr sauber und praktisch vollständig in der platzsparenden SMD-Technik aufgebaut. Wesentliche Baugruppen sind abgeschirmt, die beiden Platinen sind über einen soliden Stecker mechanisch wie elektronisch miteinander verbunden. Auch im übrigen wird dieser außerordentlich gute Eindruck durchgehalten. Das Gehäuse ist maßhaltig gearbeitet und aus schlagfestem Kunststoff, das präzise gleitende Akkupack (zusammen mit Akkulader im Lieferumfang!) läßt sich ohne „spanende Verformung" zur Seite abziehen. Die Tasten überzeugen mit etwas größerem Hub als üblich und deutlichem Druckpunkt. Warum wir uns mit diesen Äußerlichkeiten aufhalten? Weil sie vielfach im Bereich „Scanner" immer noch eher die Ausnahme sind. Der PRO-35 steht aber am Anfang eines Trends zur Qualität, wie er z.B. bei Amateurfunkgeräten schon längst und erfolgreich beschritten wurde.

Die drei Empfangsbereiche erfassen alle Frequenzen des Betriebs- und Amateurfunks sowie des Flugfunks und weiterer Funkdienste: 66 – 88 MHz, 108 – 174 MHz sowie 406 – 512 MHz. Diese Bereiche sind in insgesamt acht Bänder mit z.T. unterschiedlichen Betriebsarten (z.B. AM im Flugfunkbereich) aufgeteilt. Damit dieses gesamte Frequenzangebot von fast 200 MHz beherrschbar bleibt, sind 100 Speicherplätze vorgesehen, die sich in zehn Gruppen zu je zehn Frequenzen zusammenfassen und aufrufen lassen. Die Frequenz läßt sich auf verschiedene Weise einstellen. Zum einen lassen sich bekannte Frequenzen über das numerische Tastenfeld eingeben. Zum andern können Speicherfrequenzen (und „Bänke") ebenfalls über das numerische Tastenfeld aufgerufen werden. Mit SCAN wird der Speichersuchlauf gestartet, aus dem sich markierte Speicherplätze im übrigen herausnehmen lassen. Die Tasten UP/DOWN hingegen suchen einen selbst programmierbaren Bereich zwischen zwei Frequenzen ab, die sich innerhalb eines von insgesamt vier Bereichen befinden müssen. Stoppt der Suchlauf dabei auf einem Kanal, so wird diese Frequenz mit einem Druck auf die MON-Taste in einen bestimmten Speicherbereich eingeschrieben, aus dem diese Frequenzen nach Beendigung des Suchlaufes wieder hervorgeholt werden können. Nach der unschlagbaren Automatik („Auto Write") ist dieses elektronische Notizbuch besser als nichts und sicherlich die zweitbeste Lösung. Mit einer Suchlaufrate von 14

Kanälen/Sekunde zählt der PRO-35 zu den eher schnellen Scannern. Eine schöne Einrichtung ist die Zweisekunden-Verzögerung: nach einem automatischen Stop verbleibt das Gerät für zwei Sekunden auch dann auf dem Kanal, wenn der Träger nicht mehr vorhanden ist. Damit werden Umschalt- oder Gesprächspausen überbrückt, in denen ansonsten der Suchlauf wieder automatisch neu starten würde.

Wichtig auch ist der Vorzugskanal, dessen Aktivität in kurzen Zeitabständen immer wieder überwacht wird, während man auf einem anderen Kanal hört. Liegt auf diesem Vorzugskanal ein Signal an, so wechselt die Elektronik sofort auf diese Frequenz. Unterstützt wird die recht eingängige Bedienung durch ein übersichtliches LCD-Anzeigefeld, das über alle Betriebszustände und Daten informiert. Auf Tastendruck läßt es sich kurzzeitig beleuchten und informiert auch über eine zu schwache Batterie. Wer sein Gerät gerne vor zufälliger Fehlbedienung schützen will, kann das Tastenfeld zudem elektronisch sperren.

Nicht möglich ist leider ein manueller Suchlauf, also der einfache Suchempfang. Auch kann das Frequenzraster nicht verändert werden. Weil aber das Raster z.B. im Amateurfunk in FM 25 kHz beträgt, ist die im Gerät hierfür automatisch geschaltete Schrittweite von 12,5 kHz genau doppelt so breit und halbiert damit das effektive Tempo des Suchlaufes. Das gleiche gilt für den Flugfunk-Empfang (Flugwetter). Wer das Gerät zum Abhören des Betriebsfunkes (Raster: 20 kHz) einsetzt, kann das nur im 5-kHz-Raster machen, der automatische Suchlauf verlangsamt daraufhin sein effektives Tempo auf nur 25% des ursprünglichen Tempos von 14 Kanälen/Sekunde. In der Praxis allerdings fällt dieser Punkt nicht so sehr in's Gewicht, da man üblicherweise nur innerhalb belegter Speicher scannt. Der Suchlauf

in einem Band dient ja vielfach nur dazu, an einem neuen Ort erst einmal grundsätzlich die aktiven Frequenzen festzustellen. Die interessierenden Kanäle speichert man dann in einer Bank nach Sachgebieten (z.B. „Amateurfunk 2 m", „Flugwetter" etc.) ab und kann sie dann mit 14 Kanälen/Sekunde abtasten.

Vermißt haben wir ein S-Meter zur Anzeige der Signalstärke. Bei der Optimierung der Antenne muß man sich daher am Rauschen orientieren. Damit aber ist die Liste der kleinen Nörgeleien schon beendet, denn die Praxis ist überaus erfreulich.

Wir schlossen an die BNC-Antennenbuchse die breitbandige Discone-Antenne DSC-150 an und hörten erst einmal Relaisfunk im 2 m- und 70-cm-Band der Funkamateure. Alle üblichen Relais kamen gut herein, es gab auch keinerlei Störungen der Kanäle untereinander und keine Probleme mit Einstrahlungen und/oder Kreuz-/Intermodulation von Rundfunksendern. In Betriebsart AM traten ebenfalls keine Probleme auf, wie wir im Flugwetterband feststellen konnten. Auch hier ließen sich alle üblicherweise empfangbaren Sender gut abhören. Besonders gefiel, daß der automatische Suchlauf nicht auf evtl. selbst im Gerät erzeugten Pfeifspuren anhielt. Überhaupt konnten wir in den legal abhörbaren Bereichen keine dieser bei einigen Scannern störenden Pfeifstellen – sie werden beim PRO-35 um mehr als 50 dB unterdrückt – feststellen. Mit einer Trennschärfe von 22 kHz bei -6 dB und 30 kHz bei -50 dB kann man in den hier zur Diskussion stehenden Kanalrastern problemlos die einzelnen Kanäle voneinander trennen. Das Großsignalverhalten dieses Scanners liegt über dem Durchschnitt. Der ansonsten für Probleme sorgende UKW-Rundfunkbereich ist ja ausgeblendet, so daß es auch an den Bandgrenzen dieses Bereiches sowie durch das Eurosignal kaum zu Schwierigkeiten kommen dürfte. Im Design, seinem Aufbau, seiner Ausstattung und natürlich vor allem seiner Leistung ist der PRO-35 eine echte Bereicherung des Scanner-Marktes.

| | |
|---|---|
| BEZEICHNUNG: | Realistic PRO-35 |
| FREQUENZBEREICHE: | 66 – 88 MHz (5-kHz-Raster, FM), 108 – 137 MHz (12,5-kHz-Raster, AM), 137 – 174 MHz (5-kHz-Raster, FM), 406 – 512 MHz (12,5-kHz-Raster, FM) |
| BETRIEBSARTEN: | FM-schmal und AM |
| BANDBREITE: | 22 kHz bei -6dB, 30 kHz bei -50 dB |
| SPEICHERPLÄTZE: | 100 in 10 Speicherbänken |
| EMPFINDLICHKEIT: | 1,6 µV in AM im Bereich 108 – 137 MHz; 0,5 µV bzw. 0,7 µV bei FM im Bereich 66 – 88 MHz bzw. ab 137 MHz bei jeweils 20 dB S+N/N |
| SCHALTUNGSPRINZIP: | Doppelsuper mit 10,85 MHz als 1. und 450 kHz als 2. ZF |
| SPIEGELFREQUENZ-SICHERHEIT: | -60 dB bei 155 MHz auf der ZF 10,85 MHz |
| SUCHLAUF-GESCHWINDIGKEIT: | 14 Kanäle/Sekunde |
| STROMVERSORGUNG: | 12 V Gleichspannung, 50 mA mit Squelch, 150 mA bei voller Lautstärke |
| ABMESSUNGEN/GEWICHT: | B 69 × H 189 × T 35 mm, 0,49 kg |
| PREIS: | ca. 598,– |
| VERTRIEB: | Fachhandel, Alleinimporteur SIKA Electronic GmbH, Harkortstr. 25. 4030 Ratingen |
| BEMERKUNGEN: | Leistungsfähiger Handscanner für drei Frequenzbereiche. |

# Realistic PRO-36 und PRO-38

Die Scanner der Marke Realistic werden im Handel weitverbreitet angeboten. Im Bereich der Handscanner gibt es eine ganze Reihe verschiedener Geräte. Wir stellen hier den PRO-38 und PRO-36 vor.

Der PRO-38 ist der preiswerteste Handscanner von Realistic für die Sprechfunkbereiche 4 m, 2 m und 70 cm. Dem Sparprogramm zum Opfer fiel die Frequenzanzeige. Im Display wird die Frequenz lediglich als nacheinander erscheinende Ziffernfolge angezeigt. Aus diesem Grund eignet sich der PRO-38 eigentlich nur zur Überwachung einiger weniger Kanäle, von denen dann auch nur 10 im Memory gespeichert werden können. Auch bei der Grundausstattung wurde gespart, weder Akkus noch ein Netzteil gehören zum Lieferumfang. Wer einen vernünftigen Handscanner kaufen will, sollte dann doch schon etwas mehr Geld ausgeben. Zwischen dem PRO-38 und dem PRO-35 ist der PRO-36 angesiedelt. Gegenüber dem PRO-38 bietet der PRO-36 schon etwas mehr: Neben den üblichen Sprechfunkbereichen ist auch der Flugfunkbereich vorhanden. Außerdem hat der PRO-36 ein vernünftiges Display für die Frequenzanzeige. 20 Frequenzen lassen sich im Memory abspeichern und eine Frequenz läßt sich unter dem Begriff Monitor besonders überwachen. Die Scan-Funktion genügt geringeren Ansprüchen. Auch beim PRO-36 muß man sich Akkus und ein Netz-/Ladegerät separat anschaffen.

| | |
|---|---|
| BEZEICHNUNG: | Realistic PRO-38 |
| FREQUENZBEREICHE: | 66 – 88 MHz, 136 – 174 MHz, 406 – 512 MHz |
| SPEICHERPLÄTZE: | 10 Frequenzen |
| BETRIEBSARTEN: | FM-schmal |
| EMPFINDLICHKEIT: | 0,5 µV bis 0,7 µV (abhängig vom Frequenzbereich) |
| TRENNSCHÄRFE: | +/- 10 kHz bei - 6 dB, +/- 17 kHz bei - 50 dB |
| NF-AUSGANGSLEISTUNG: | 260 mW |
| STROMVERSORGUNG: | 5 Batterien 1,5 V, Anschluß für Netzgerät 12 V vorhanden |
| ABMESSUNGEN: | B 67 × H 178 × T 35 mm |
| GEWICHT: | ca. 300 g |
| BEDIENUNGSANLEITUNG: | in Deutsch |
| MITGELIEFERTES ZUBEHÖR: | Gummi-Wendelantenne |
| PREIS: | ca. 380,– DM |
| VERTRIEB: | Lange Elektronik, Klemensstr. 5, 5778 Meschede |
| BEMERKUNGEN/ WERTUNGEN: | Preiswerter Handscanner für geringe Ansprüche und zur Überwachung weniger Kanäle. |

| | |
|---|---|
| BEZEICHNUNG: | Realistic PRO-36 |
| FREQUENZBEREICHE: | 66 – 88 MHz, 108 – 174 MHz, 380 – 512 MHz |
| SPEICHERPLÄTZE: | 20 Frequenzen + 1 Monitor-Frequenz |
| BETRIEBSARTEN: | FM-schmal |
| EMPFINDLICHKEIT: | 1,0 µV bis 2,0 µV (abhängig vom Frequenzbereich) |
| TRENNSCHÄRFE: | +/- 10 kHz bei - 6 dB, +/- 20 kHz bei - 50 dB |
| NF-AUSGANGSLEISTUNG: | 200 mW |
| STROMVERSORGUNG: | 6 Batterien 1,5 V, Anschluß für Netzgerät 12 V vorhanden |
| ABMESSUNGEN: | B 69 × H 165 × T 46 mm |
| GEWICHT: | ca. 400 g |
| BEDIENUNGSANLEITUNG: | in Deutsch |
| MITGELIEFERTES ZUBEHÖR: | Gummi-Wendelantenne |
| PREIS: | ca. 500,– DM |
| VERTRIEB: | Lange Elektronik, Klemensstr. 5, 5778 Meschede |
| BEMERKUNGEN/ WERTUNGEN: | Preiswerter Handscanner für geringe Ansprüche und zur Überwachung weniger Kanäle. |

# Realistic PRO-37

## 200 Speicherkanäle in der Hand

200 Speicherplätze bietet dieser leistungsfähige Scanner. Mit 25 Kanälen/Sekunde ist er überraschend spurtstark beim Suchen nach belegten Frequenzen. Und zusätzlich zu den üblichen Frequenzbereichen des nicht-öffentlichen mobilen Landfunkdienstes erfaßt der PRO-37 auch noch das Flugfunkband in der Betriebsart AM sowie den Bereich zwischen 806 und 960 MHz, in dem sich ja nicht nur die schnurlosen Telefone tummeln, sondern in dem auch weitere Dienste entweder bereits angesiedelt sind oder ihre Heimat finden werden. Amateurfunk kann in den Bändern 2 m und 70 cm gehört werden, Rundfunkempfang ist wegen der fehlenden Betriebsart FM-breit selbst im osteuropäischen OIRT-Band nur mit erheblichen Einschränkungen möglich. Das westeuropäische UKW-Rundfunkband ist ohnehin ausgespart.

Die 200 Speicher werden in zehn Bänken zu je 20 Kanälen organisiert. Bevor man darangeht, wird man sich erst einmal die häufiger aktiven Frequenzen heraussuchen. Das geschieht mit dem programmierbaren Bandsuchlauf, indem dieses Band mit unterer und oberer Eckfrequenz festgelegt wird. Danach läßt man den Suchlauf in Aktion treten, der bei jedem belegten Kanal stoppt. Diese Frequenz läßt sich dann über die Taste „Monitor" parken, bevor sie später in Ruhe auf den endgültigen Speicherplatz geschoben wird. Der Suchlauf ist flexibel angelegt und erlaubt nicht nur das automatische Abtasten der Speicherkanäle, sondern auch die unbegrenzte Suche ab einer programmierten Frequenz. Für den Suchlauf lassen sich zwei Geschwindigkeiten schalten: 8 oder 25 Kanäle pro Sekunde. Elektronisch markierte Kanäle werden aus dem Suchlauf ausgenommen, und es lassen sich sogar komplette Speicherbanken für den Suchlauf sperren.

Auch der PRO-37 verfügt für die Wiederaufnahme des Suchlaufes über eine schaltbare Delay-Funktion. Zur Verwendung zwei Hinweise: Hört man ein übliches Funkgespräch im Wechselsprech-Verfahren, wie es im Amateurfunk üblich ist, so können beim Wechsel der Gesprächspartner kurze Pausen auftreten. Ist diese nicht länger als zwei Sekunden, so bleibt der Scanner dann auf der gerade eingestellten Frequenz, wenn die Funktion „Delay" aktiviert wurde. Ansonsten würde er sofort automatisch wieder starten, wenn für weniger als eine halbe Sekunde kein Signal zu empfangen ist – was bei einer im Amateurfunk oft absichtlich eingeschobenen Umschaltpause der Fall ist. Manchmal aber ist diese Funktion nicht erwünscht. Etwa dann, wenn bei den professionellen sogenannten Trunking-Systemen die Möglichkeit besteht, daß die Frequenz bei jedem Wechsel des Gesprächspartners ebenfalls wechselt. Dann muß man zur Komplettierung eines solchen Gespräches mit dem Scanner natürlich sofort die neue Frequenz suchen und die Delay-Funktion deshalb abschalten.

Erfreulicherweise verfügt der PRO-37 über ein recht großes und vor allem gut ablesbares Display, so daß die Bedienung der manchmal etwas komplexen Funktionen so leicht wie möglich gemacht wird. Im Praxistest war der Empfang sehr präsent und von hoher Empfindlichkeit. Das Großsignalverhalten ist besser als das des PRO-36. In einem Punkt aber sind PRO-36 und der leistungsfähigere PRO-37 sich gleich geblieben: auch der PRO-37 verfügt über die Batterie-Sparschaltung, mit der sich im Wartebetrieb der Stromverbrauch auf etwa 40% reduzieren läßt.

| | |
|---|---|
| BEZEICHNUNG: | Realistic PRO-37 |
| HERSTELLER: | Uniden |
| TYP: | Handscanner |
| FREQUENZBEREICHE: | 68 – 88 MHz, 108 – 137 MHz, 137 – 174 MHz, 380 – 512 MHz, 806 – 960 MHz |
| SPEICHERPLÄTZE: | 200 in 10 Speicherbänken, 10 Prioritätskanäle |
| ABSTIMMSCHRITTE: | 5 kHz bis 174 MHz (25 kHz im Flugfunkbereich 108 – 137 MHz), 25 kHz bis 960 MHz |
| SUCHLAUF-GESCHWINDIGKEIT: | bis 25 Kanäle/Sekunde |
| BETRIEBSARTEN: | FM-schmal und AM (Flugfunk) |
| BANDBREITEN: | 20 kHz/40 kHz (-6 dB/-50 dB) |
| EMPFINDLICHKEIT: | 1 – 2 µV |
| SPIEGELFREQUENZ-SICHERHEIT: | 50 dB bis 174 MHz, darüber nicht spezifiziert |
| SCHALTUNGSPRINZIP: | Doppelsuper mit 1. ZF 10,7 MHz und 2. ZF 455 kHz |
| STROMVERSORGUNG: | 9 V Gleichspannung oder 6 Mignonzellen, 40 – 160 mA |
| ABMESSUNGEN/GEWICHT: | B 69 × H 165 × T 46 mm, 0,4 kg |
| HANDBUCH: | u.a. in Deutsch |
| PREIS: | ca. 750,– DM |
| VERTRIEB: | Fachhandel, Alleinimporteur SIKA Electronic GmbH, Harkortstr. 25. 4030 Ratingen |
| BEMERKUNGEN: | Schneller Handscanner mit Batterie-Sparschaltung |

# Realistic PRO-41

## Die kleine Polizeistreife

Dieser Handscanner enthält alles das, was man zum Empfang von bis zu zehn Kanälen in den wichtigsten Bereichen des nichtöffentlichen mobilen Landfunkdienstes benötigt. Sein Spitzname „Patrolman" (worunter die Amerikaner eine Polizeistreife, die Engländer eher die „Gelben Engel" eines Pannenhilfsdienstes verstehen) weist auch schon die Richtung, für die dieser preiswerte Scanner entwickelt wurde: den Empfang einiger weniger Sprechfunkkanäle, vorzugsweise der Polizei.

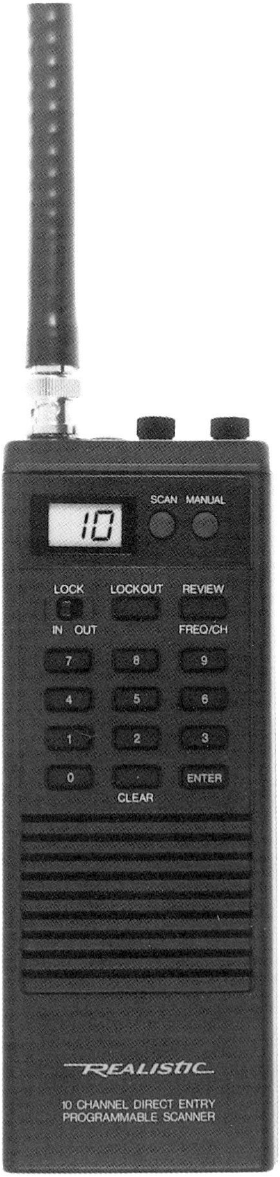


Empfangen aber lassen sich auch die Amateurfunkbänder 2 m und 70 cm, so daß beispielsweise die dortigen Relaisfunkstellen ebenfalls abgehört werden können.

Die Bedienung erfolgt über das numerische Tastenfeld, über das zunächst die einzelnen Frequenzen den gewünschten Speicherplätzen zuzuordnen sind. Danach lassen sich die zehn Speicherplätze entweder einzeln manuell aufrufen oder aber im automatischen Suchlauf innerhalb einer Sekunde abtasten. Der Suchlauf stoppt, sobald ein Signal die Squelch-Schwelle überschreitet. Wenn der Sender wieder abfällt, so wartet der Suchlauf selbsttätig noch drei Sekunden, bevor er wieder startet. Damit gehen auch bei Umschaltpausen durch einen zu frühen Start keine Informationen verloren. Diese „Delay"-Funktion ist fest geschaltet. Auf Wunsch lassen sich bestimmte Kanäle recht einfach aus diesem Suchlauf ausnehmen.

Wir haben das Gerät im Sprech- und Datenfunk in den Amateurfunkbändern 2 m und 70 cm zur vollen Zufriedenheit ausprobiert. Besonders auf 70 cm ist die Empfindlichkeit mehr als ausreichend.

| | |
|---|---|
| BEZEICHNUNG: | Realistic PRO-41 |
| HERSTELLER: | Uniden |
| TYP: | Handscanner |
| FREQUENZBEREICHE: | 66 – 88 MHz, 137 – 174 MHz, 406 – 512 MHz |
| SPEICHERPLÄTZE: | 10 |
| ABSTIMMSCHRITTE: | 5 kHz bis 174 MHz, 12,5 kHz bis 512 MHz |
| SUCHLAUF-GESCHWINDIGKEIT: | 10 Kanäle/Sekunde |
| BETRIEBSARTEN: | FM-schmal |
| BANDBREITEN: | 20 kHz/34 kHz (-6 dB/-60 dB) |
| EMPFINDLICHKEIT: | 0,5 – 0,7 µV |
| SPIEGELFREQUENZ-SICHERHEIT: | 45 dB |
| SCHALTUNGSPRINZIP: | Doppelsuper mit 10,85 MHz als 1. und 450 kHz als 2. ZF |
| STROMVERSORGUNG: | 12 V extern oder fünf Mignonzellen, 35 – 110 mA |
| ABMESSUNGEN/GEWICHT: | B 67 × H 178 × T 35 mm, 0,3 kg |
| HANDBUCH: | Englisch, Handbuchauszug in Deutsch |
| PREIS: | ca. 350,– DM |
| VERTRIEB: | Fachhandel, Alleinimporteur SIKA Electronic GmbH, Harkortstr. 25, 4030 Ratingen |
| BEMERKUNGEN: | Guter und preiswerter Handscanner mit sparsamer Speicherausstattung. |

# Realistic PRO-43

## Klein, schnell und gut

Dieser kleine Handscanner mit dem großen Frequenzbereich ist der erste Scanner, den wir in der Hand hatten, der ganz legal von Jedermann betrieben werden kann: bereits das erste Mustergerät trug den begehrten Aufkleber „Amtsbl-Vfg BMPT 115/1992". Damit ist dieser Scanner einer der ersten, der legal von Jedermann benutzt werden kann.

Aber nicht nur diese Legalität zeichnet ihn aus, es ist zudem die Kombination von hoher technischer Qualität, großem Speicherangebot von 200 Plätzen, sehr schnellem Suchlauf und nicht zuletzt den kleinen Abmessungen und dem geringen Gewicht. Als einer der ganz wenigen Scanner überhaupt ist der PRO-43 als Dreifachsuper mit hochliegender 1. ZF oberhalb von 600 MHz geschaltet, um die Gefahr von Spiegelfrequenzen und „Geisterstationen" soweit wie möglich zu minimieren.

Erfaßt werden außer den üblichen Frequenzbereichen des nicht-öffentlichen mobilen Landfunks auch der Flugfunkbereich (in AM), die Amateurfunkbänder 2 m und 70 cm sowie das OIRT-Rundfunkband zwischen 68 und 73 MHz. Zum Speichern stehen 200 Plätze zur Verfügung, die in 10 Banken zu je 20 Frequenzen unterteilt sind. Hinzu kommen zehn sogenannte „Monitor"-Kanäle, wie sie durch das Realistic-typische Speicherverfahren notwendig werden: zunächst muß nämlich der Speicherplatz eingetippt werden, bevor man die eigentliche Frequenz wählt. Weil man aber die aktiven Frequenzen nicht immer vorher kennt, muß man sie erst einmal suchen. Das geschieht mit dem Automatik-Suchlauf innerhalb eines Frequenzbereiches, den man selbst durch Eingabe seiner unteren und oberen Grenzfrequenz festlegen kann. Startet man den Suchlauf, so hält er auf dem ersten Kanal, auf dem der Squelch öffnet. Mit einem einfachen Druck auf die Taste „Monitor" läßt sich diese Frequenz jetzt gleichsam parken, und das Spielchen kann sich wiederholen. Ist man mit dem Band durch und hat bis zu maximal zehn belegte Kanäle gefunden, so lassen sich diese von ihrer Monitor-Parkposition in die gewünschten Speicherkanäle übertragen. Ein Verfahren, an das man sich erst einmal gewöhnen muß, das einem dann aber einen quasi maßgeschneiderten Scanner zur Verfügung stellt.

Trotz seiner geringen Abmessungen ist der PRO-43 gut mit kleineren und größeren Extras ausgestattet. So läßt sich der Batteriehalter nicht nur mit Mignonzellen bestücken, sondern auch mit gleichgroßen Akkus, die über eine separate Ladebuchse auf der linken Seite des Scanners geladen werden. Über dieser Buchse findet sich zudem eine weitere Buchse zum Anschluß einer externen Stromversorgung. Übrigens ist der PRO-43 mit einer Batteriespar-Funktion ausgestattet, die automatisch in Aktion tritt: empfängt man fünf Sekunden lang kein Signal und hat im selben Zeitraum auch keine Taste betätigt, so fällt er in einen „Schlaf-Modus". Er ruht dann für eine Sekunde, um dann für 1/4 Sekunde wieder auf Empfang zu gehen. Das reduziert bei der Überwachung den Stromverbrauch um mehr als 2/3! „Hört" der Scanner allerdings wieder ein Signal, so schaltet er ebenfalls automatisch in den Normalbetrieb zurück. Daß man das gesamte Tastenfeld elektronisch sperren kann ist ebenso nützlich, wie daß er in den beiden Flugfunkbändern automatisch die Betriebsart AM, in den anderen Bereichen hingegen FM-schmal wählt. Zum Vorzugskanal läßt sich jeder beliebige Speicherplatz erklären – bei aktivierter Prioritäts-Funktion verläßt der Scanner dann automatisch alle zwei Sekunden die eingestellte Arbeitsfrequenz, um auf dem Vorzugskanal nachzusehen, ob dort ein Signal anliegt. In diesem Fall bleibt das Gerät auf diesem Kanal stehen – andernfalls gehts blitzschnell wieder zwei Sekunden lang zur Arbeitsfrequenz.

Aus dem automatischen Suchlauf lassen sich neben einzelnen Kanälen auch ganze Speicherbänke herausnehmen, um nur die jeweils interessanten Kanäle im Blick zu haben. Der Suchlauf stoppt, sobald ein Signal die Squelch-Schwelle überschreitet und startet dann wieder, wenn das Signal unter die Schwelle fällt. Dieser Start läßt sich um zwei Sekunden mit der Funktion

„Delay" verzögern, so daß Umschaltpausen das Abhören eines noch beendeten Funkgespräches nicht durch einen erneuten Suchlauf-Start unterbrechen.

Wie sich nach Öffnen des Gerätes zeigt, ist der mechanische Aufbau des Scanners überaus robust. Die Miniatur-Abmessungen werden nicht nur durch vielfache Verwendung von SMD-Bauteilen erzielt, sondern auch durch den geschickten Aufbau auf drei Platinen. Somit nimmt der reine Empfangsteil kaum mehr Platz ein wie das Batteriepack.

Das Gerätchen liegt gut in der Hand, und wer die Moosgummi-Tasten beispielsweise bei Standard-Handsprechfunkgeräten schon immer gut fand, der wird auch mit der Bedienung des PRO-43 gut zurechtkommen. Das Tastenfeld ist kontrastreich und eindeutig beschriftet, ohne in irgendeiner Weise „bunt" zu wirken. Es wird unterstützt durch das kleine Display, das aber über eine erstaunlich klare und scharfe Anzeige verfügt. Die Empfangsleistung des Scanners – ausprobiert in den Amateurfunkbändern 2 m, 70 cm und im Flugfunkband – ist hinsichtlich Empfindlichkeit und Trennschärfe ausgesprochen gut. Auch das Großsignalverhalten, das mit einer Packet-Radio-Station in unmittelbarer Nachbarschaft erprobt werden konnte, gibt keinen Anlaß zur Klage. Der PRO-43 ist ganz einfach der ideale, schnelle Handscanner der gehobenen Leistungsklasse zu einem noch moderaten Preis.

| | |
|---|---|
| BEZEICHNUNG: | Realistic PRO-43 |
| HERSTELLER: | Uniden |
| TYP: | Handscanner |
| FREQUENZBEREICHE: | 68 – 88 MHz, 118 – 174 MHz, 220 – 512 MHz und 806 MHz – 1 GHz |
| SPEICHERPLÄTZE: | 200 |
| ABSTIMMSCHRITTE: | 5 kHz (68 – 88 MHz, 137 – 174 MHz und 220 – 225 MHz); 25 kHz (118 – 137 MHz); 12,5 kHz oberhalb von 225 MHz |
| SUCHLAUF-GESCHWINDIGKEIT: | 25 Kanäle/Sekunde |
| BETRIEBSARTEN: | FM-schmal, AM (im Flugfunkband) |
| BANDBREITEN: | 20 kHz/40 kHz (-6 dB/-40 dB) |
| EMPFINDLICHKEIT: | 1 – 2 µV |
| SCHALTUNGSPRINZIP: | Dreifachsuper mit 1. ZF ca. 609 MHz, 2. ZF 48,5 MHz und 3. ZF 455 kHz |
| STROMVERSORGUNG: | 9 V/85 mA |
| ABMESSUNGEN/GEWICHT: | B 58 × H 145 × T 42 mm, 0,25 kg |
| HANDBUCH: | Englisch, Handbuchauszug in Deutsch |
| PREIS: | ca. 798,– DM |
| VERTRIEB: | Fachhandel, Alleinimporteur SIKA Electronic GmbH, Harkortstr. 25, 4030 Ratingen |
| BEMERKUNGEN: | Kleiner, schneller und professionell aufgebauter Handscanner. |

# Tristar TS-007

## Spezialist auf wenigen Kanälen

Auch das gibt es noch: wie ein Dinosaurier blickt uns der Tristar TS-007 in seinen beiden Versionen an – das wohl einzige noch erhältliche Gerät ohne Synthesizer. Die Frequenzen werden hier durch kundenspezifisch zu erstellende Steckquarze (HC-25/U) eingestellt, die in die Fassungen hinter einem Schieber auf der Frontplatte gesteckt werden. Was so vorsintflutlich aussieht, ist zwar unflexibel, aber zum Überwachen von bis zu zehn festen Frequenzen nicht nur preiswert, sondern auch technisch recht ansprechend gelöst. Empfangen werden kann entweder ein einzelner Kanal, oder alle bequarzten Kanäle werden automatisch im Suchlauf abgetastet. Wenn ein Signal empfangen wird, das die mit dem Squelch-Regler eingestellte Rauschsperre überspringt, stoppt der Suchlauf. Er bleibt noch 1,5 Sekunden länger auf dieser Frequenz, nachdem der Sender wieder abgeschaltet hat. Mittels zehn Leuchtdioden weiß man immer genau, auf welchem Kanal man sich gerade befindet. Der Scanner ist in zwei Versionen erhältlich, die sich bis auf die Frequenzbereiche völlig gleichen. Die L-Version ist für 81 – 89 MHz ausgelegt und läßt sich sich somit u.a. für den Empfang der BOS-Frequenzen im kompletten 4-m-Band bestücken. Die H-Version mit ihrem Frequenzbereich von 140 – 148 MHz hingegen ist für einige Frequenzen des 2-m-Sprechfunkbandes bestückbar, läßt sich im übrigen aber auch für den Empfang im 2-m-Amateurfunkband als preiswerter Empfänger einsetzen. Durch die Spezialisierung auf nur wenige Kanäle ließ sich dieser Scanner technisch recht hochwertig als trennscharfer und empfindlicher Doppelsuper konstruieren. Er wird gleich mit eingebautem Akku und einem Stecker-Ladege-

rät dafür geliefert. Auch eine kleine und sehr flexible Gummi-Wendelantenne sowie die aufschraubbare Teleskopantenne für den Empfang fernerer Stationen gehört zum Lieferumfang. Selbst ein kleiner Ohrhörer ist beigelegt.

| | |
|---|---|
| BEZEICHNUNG: | TS-007 (L- und H-Version) |
| TYP: | Handscanner |
| FREQUENZBEREICHE: | 81 – 89 MHz (L) bzw. 140 – 148 MHz (H) |
| SPEICHERPLÄTZE: | max. 10 (je Speicherplatz 1 Quarz erforderlich) |
| ABSTIMMSCHRITTE: | durch Quarzfrequenz fest |
| SUCHLAUF-GESCHWINDIGKEIT: | 10 Kanäle/Sekunde |
| BETRIEBSARTEN: | FM-schmal |
| BANDBREITEN: | 24 kHz bei -50 dB |
| EMPFINDLICHKEIT: | besser als 0,5 µV |
| SCHALTUNGSPRINZIP: | Doppelsuper mit 10,7 MHz als 1. und 455 kHz als 2. ZF |
| STROMVERSORGUNG: | 6 V (Akku eingebaut, Akkulader im Lieferumfang) |
| ABMESSUNGEN/GEWICHT: | B 69 × H 112 × T 33 mm, 0,23 kg |
| HANDBUCH: | Bedienungsanleitung in Englisch |
| PREIS: | ca. 219,– DM (L oder H) |
| VERTRIEB: | Fachhandel, Alleinimporteur Albrecht Electronic GmbH, Otto-Hahn-Str. 7, D-2077 Trittau |
| BEMERKUNGEN: | ansprechender, empfangsstarker, aber unflexibler Spezialscanner für max. 10 Frequenzen |

# Bearcat 50 XL

## Der preiswerte Handscanner

Der 50 XL ist ein kleiner, preiswerter und wirklich handlicher Scanner für alle wichtigen Frequenzbereiche des Betriebsfunks in den Bändern 4 m, 2 m und 70 cm sowie für das Flugfunkband. Dank des eingebauten Synthesizers ist die Frequenzeingabe über die numerische Tastatur denkbar bequem. Außerdem können bis zu zehn Kanäle gespeichert werden. Der automatische Suchlauf prüft alle zehn Speicherkanäle innerhalb von einer Sekunde und stoppt auf einem belegten Kanal.

Für diesen Kanalsuchlauf lassen sich beliebige Kanäle markieren und damit aus dieser Automatik herausnehmen. Wichtig für den Speichersuchlauf ist die Funktion DELAY: der Scanner verbleibt für drei Sekunden selbst dann noch auf der Frequenz, wenn der Träger abgefallen ist. Diese Funktion ist besonders dann wichtig, um komplette Durchgänge auch trotz bis zu drei Sekunden langer Umschaltpausen mitzubekommen. Ansonsten würde der Suchlauf ja sofort wieder starten.

Die Speicherkanäle können darüber hinaus direkt angewählt werden. Der Scanner verfügt über eine regelbare Rauschsperre (Squelch) sowie über eine Ohrhörer-Buchse für ein unbemerktes Monitoring. Das Tastenfeld läßt sich gegen Fehlbedienung sperren.

| | |
|---|---|
| BEZEICHNUNG: | Bearcat 50 XL |
| FREQUENZBEREICHE: | 66 – 88 MHz, 136 – 174 MHz, 406 – 512 MHz |
| SPEICHERPLÄTZE: | 10 Frequenzen |
| ABSTIMMSCHRITTE: | 5 kHz, oberhalb von 406 MHz: 12,5 kHz |
| ABSTIMMGESCHWINDIGKEIT: | 10 Kanäle/Sekunde |
| BETRIEBSARTEN: | FM-schmal, AM im Flugfunkbereich |
| EMPFINDLICHKEIT: | 0,4 µV bis 0,7 µV bei 12 dB SINAD (abhängig vom Frequenzbereich) |
| TRENNSCHÄRFE: | +/-25 kHz bei -55 dB |
| NF-AUSGANGSLEISTUNG: | 400 mW |
| STROMVERSORGUNG: | 7,5 V (5 Mignonzellen) |
| ABMESSUNGEN: | B 68 × H 170 × T 35 mm |
| GEWICHT: | ca. 300 g |
| BEDIENUNGSANLEITUNG: | in Deutsch |
| MITGELIEFERTES ZUBEHÖR: | Gummi-Wendelantenne, Batteriekasten, Gürtelclip |
| PREIS: | ca. 350,– DM |
| VERTRIEB: | stabo Elektronik, Münchewiese 16, 3600 Hildesheim |
| BEMERKUNGEN/ WERTUNGEN: | kleiner, empfindlicher und preiswerter Scanner, der im üblichen Kanalraster gut trennt |

# Bearcat 100/200 XLT

## Ein schneller Handscanner

Der Handscanner 100 XLT bzw. 200 XLT erfaßt alle Sprechfunkbereiche in den Bändern 4 m, 2 m und 70 cm sowie das Flugfunkband. In der Version 200 XLT kommt der Bereich 806 – 956 MHz hinzu, in dem u.a. die schnurlosen Telefone arbeiten. 100 (200) Speicherfrequenzen lassen sich in bis zu 10 Gruppen mit je maximal 10 (20) Speichern organisieren. Die doppelte Anzahl von Speichern und der erweiterte Frequenzbereich unterscheiden den 200 XLT vom ansonsten identischen 100 XLT.

Dank seiner Mikroprozessor-Steuerung verfügt der Scanner über zahlreiche Bedienmöglichkeiten:

- automatischer Suchlauf aller Speicher einer Gruppe,
- automatischer Frequenzsuchlauf zwischen zwei beliebigen Eckfrequenzen,
- Überwachung eines programmierbaren Vorzugskanals,
- direkte Frequenzeingabe über Tastenfeld,
- direkter Speicheraufruf über Tastenfeld.

Schon der automatische Speicher-Suchlauf arbeitet mit 15 Kanälen pro Sekunde außergewöhnlich schnell und wird mit 25 Kanälen/Sekunde noch vom automatischen Frequenzsuchlauf übertroffen. Beliebig viele Kanäle lassen sich markieren und somit aus dem Suchlauf herausnehmen. Die jeweilige Speichernummer 1 einer jeden Gruppe läßt sich zur Vorzugskanal-Überwachung aktivieren: der Scanner prüft dann automatisch alle zwei Sekunden, ob hier eine Aktivität anliegt und schaltet in diesem Fall auf Vorzugskanal um.

Die Bedienung des hintergrundbeleuchteten Tastenfeldes ist sehr übersichtlich und wird durch das leicht ablesbare LC-Display wirkungsvoll unterstützt. Gegen Fehlbedienung läßt sich das Tastenfeld elektronisch sperren. Sollte sich die Batterie- oder Akkukapazität dem Ende zuneigen, so wird das durch eine LED signalisiert.

Der Bearcat 100 XLT bzw. 200 XLT ist ein empfindlicher, trennscharfer Handscanner, dessen Bedienung schnell erlernt ist. Das Gerät wird komplett mit Akkupack und Netz-/Ladegerät, Ohrhörer und Tragetasche zu einem akzeptablen Preis geliefert.

BEZEICHNUNG:
Bearcat 100 XLT bzw. 200 XLT

FREQUENZBEREICHE:
66 – 88 MHz, 118 – 174 MHz,
406 – 512 MHz,
sowie beim 200 XLT auch 806 – 956 MHz

SPEICHERPLÄTZE:
100 (200) Kanäle in 10 Gruppen zu je 10 (20) Frequenzen

FREQUENZRASTER:
5 kHz, oberhalb 406 kHz: 12,5 kHz

BETRIEBSARTEN:
FM-schmal, AM im Flugfunkbereich

EMPFINDLICHKEIT:
0,3 µV bis 0,6 µV bei 12 dB SINAD (abhängig vom Frequenzbereich)

TRENNSCHÄRFE:
+/- 25 kHz bei -55 dB

NF-AUSGANGSLEISTUNG:
500 mW

STROMVERSORGUNG:
13,8 V (Akkupack und Netz-/Ladegerät gehört zum Lieferumfang)

ABMESSUNGEN:
B 70 × H 190 × T 32 mm

GEWICHT:
ca. 570 g

BEDIENUNGSANLEITUNG:
in Deutsch

MITGELIEFERTES ZUBEHÖR:
Gummi-Wendelantenne, Akkupack, Netz-/Ladegerät, Ohrhörer, Tragetasche

PREIS:
100 XLT ca. 650 DM / 200 XLT ca. 760 DM

VERTRIEB:
stabo Elektronik, Münchewiese 16,
3200 Hildesheim

BEMERKUNGEN/WERTUNGEN:
Empfindlicher Handscanner mit leichter Bedienung, guter Trennschärfe, hohem Speicherumfang und großem Frequenzbereich (200 XLT) zu einem akzeptablen Preis.

# Geräteteil Testberichte

# Mobil- und Stationsscanner

# Alan 1

## Schwarzer Kasten mit „goldenem" Innenleben

Am besten, man nähert sich dem Alan 1 zunächst als Banker und Techniker, nicht aber als Ästhet. Technische Leistungsfähigkeit auf einem wirklich günstigen Preisniveau auf den Markt zu bringen, das verlangt eben im Design einige Kompromisse. Im Vergleich mit all den schicken anderen Scannern darf sich der Alan 1 wie die Pechmarie vorkommen – die ja wenigstens im Märchen als erste durchs Ziel ging und in des Königs Armen landete.

Der erste Blick auf die Frequenzbereiche zeigt, daß erfreulicherweise auch ein Band unter 30 MHz vorgesehen ist: zwischen 26,0 und 30,0 MHz finden wir CB-Funker und Funkamateure. Die CB-Funker in AM und FM, die Funkamateure im Bereich zwischen 29,6 und 29,7 MHz in FM, oftmals sogar über internationale Relaisfunkstellen. Die weiteren Bereiche weisen den Alan 1 aber dann als reinen Sprechfunkempfänger für die Bänder des öffentlichen, mobilen Landfunkdienstes sowie des Flugfunks aus.

Der Scanner ist für den Einbau in ein Fahrzeug vorgesehen, auf der Rückseite gibt es eine dreipolige Stiftbuchse für die Stromversorgung sowie eine 3,5-mm-Buchse zum Anschluß eines externen Lautsprechers. Im Gegensatz zur Zeichnung im mitgelieferten Handbuch hat man aber an die Stelle der fahrzeugüblichen Antennenbuchse eine UHF-Buchse gesetzt, was wiederum den Heimhörer mehr erfreuen wird.

Das Konzept des Alan 1 kennt man weitgehend auch von anderen Scannern – wahrscheinlich kann man einen Empfänger für diesen Zweck auch gar nicht viel anders einrichten. Also gibt es hier 50 Speicherplätze, die dieses mal in fünf Blöcken zu je zehn Kanälen abgeteilt sind. Der Suchlauf kann entweder in einem durch untere und obere Frequenz selbst programmierten Bereich erfolgen, oder man läßt ihn von der gerade eingestellten Frequenz aus in Richtung höherer oder tieferer Frequenz bis zum „Anschlag" laufen. Selbstverständlich können auch die Speicherplätze abgesucht werden – entweder alle, oder nur die, die man nicht markiert hatte. Auch der Alan 1 verfügt über die Vorzugsfunktion für Kanal 1: ist sie aktiviert, so wechselt der Scanner alle zwei Sekunden von einer anderen Frequenz auf diesen Vorzugskanal, um zu hören, ob hier gerade ein Signal vorhanden ist. Wenn ja, dann bleibt er auf Kanal 1 stehen, wenn nicht, dann schaltet

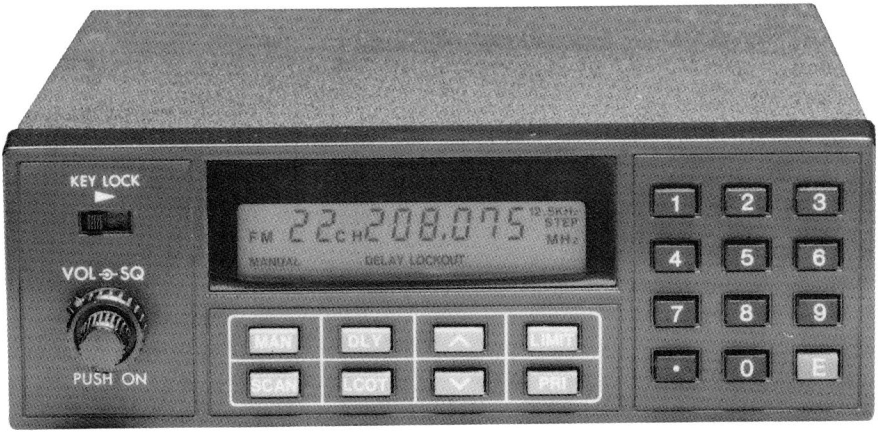


er wieder auf die andere Arbeitsfrequenz, und nach zwei Sekunden beginnt das Spielchen von Neuem.

Bevor man aber den Scanner benutzt, müssen erst einmal die gewünschten Frequenzen den entsprechenden Speicherplätzen zugeordnet und eingegeben werden. 50 Kanäle reichen in den meisten Ballungsgebieten hierfür auch aus. Leider ist diese schon an sich nicht gerade komfortable Möglichkeit beim Alan 1 gegenüber dem bei einigen Realistic-Scannern gleichen Verfahren durch das Fehlen einer Monitor-Taste zum direkten Transfer etwas schwieriger. Man muß sich nämlich die aktiven Kanäle manuell heraussuchen/-schreiben, um sie dann nochmals einzutippen und in der gewünschten Speicherbank abzulegen. Diese Arbeit fällt ja in aller Regel nur einmal an – so schnell werden die Frequenzen auch nicht gewechselt. Zum Ausgleich dafür können Frequenzen auch direkt eingetippt werden.

Hat man nun die interessanten Kanäle gespeichert, kann es an den Empfang selbst gehen. Und der läßt in dieser Preisklasse nun wirklich nicht zu wünschen übrig. Wir konnten eine klare Wiedergabe von Wettersendungen in AM im Flugfunkband ebenso verzeichnen wie einen trennscharfen Empfang hoher Empfindlichkeit in den Amateurfunkbändern 2 m und 70 cm. Selbst dann, wenn man im 70-cm-Band empfängt, läßt sich der Scanner beim gleichzeitigen Senden auf 2 m nicht stören, auch wenn dort mit 50 W und in nur wenigen Metern Abstand von der Empfangsantenne gesendet wird. Ein überzeugendes Ergebnis eines preiswerten Scanners, bei dem man wirklich nur am Design etwas gespart hat – hingegen nicht einmal an den Tasten mit deutlichem, knackenden Druckpunkt.

P.S. Ein Einbausatz für den Pkw gehört mit zum Lieferumfang.

| | |
|---|---|
| BEZEICHNUNG: | Alan 1 |
| TYP: | Tisch- und Mobilscanner |
| FREQUENZBEREICHE: | 26 – 30 MHz, 68 – 88 MHz, 118 – 138 MHz,<br>138 – 178 MHz, 380 – 512 MHz |
| SPEICHERPLÄTZE: | 50 |
| ABSTIMMSCHRITTE: | 5 kHz, 12,5 kHz oder 25 kHz |
| BETRIEBSARTEN: | FM-schmal und AM (Flugfunkband) |
| STROMVERSORGUNG: | 13,8 V |
| ABMESSUNGEN/GEWICHT: | B 160 × H 50 × T 195 mm, 1,6 kg |
| HANDBUCH: | Englisch, Handbuchauszug in Deutsch |
| PREIS: | ca. 460,– DM |
| VERTRIEB: | Fachhandel, Alleinimporteur Albrecht Electronic GmbH,<br>Otto-Hahn-Str. 7, D-2077 Trittau |
| BEMERKUNGEN: | Preiswerter Scanner mit guter Empfindlichkeit auch<br>noch auf 70 cm und ebenfalls gutem Großsignalverhalten. |

# AR-3000A

## Scannen mit System von 100 kHz bis 2,03 GHz

Der 1989 eingeführte AR-3000 hat mittlerweile einen überarbeiteten Nachfolger unter der Bezeichnung AR-3000A bekommen. Ohne Übertreibung läßt sich sagen, daß viele Eigenschaften dieses Super-Scanners wohl weltweit einmalig sind. Da ist sein Riesen-Frequenzbereich von der Langwelle bei 100 kHz bis über 2 GHz, die er lückenlos in wählbaren Schritten zwischen 50 Hz und 10 MHz (einstellbar im 50-Hz-Raster) erfaßt. Da sind seine Mini-Abmessungen von nur 138 × 80 × 200 mm. Seine sämtlichen Betriebsarten wie SSB, AM, FM und FM-breit zählen ebenso dazu wie sein im unteren Profi-Bereich praktisch konkurrenzlos schneller Suchlauf, der es bei uns auf bis zu 55 Kanäle pro Sekunde brachte. Schon ab Werk verfügt der Scanner über 400 Speicherplätze, die in vier Blöcken zu je 100 Speichern organisiert sind. Der jeweils erste Speicherplatz eines Blockes kann als Vorzugsfrequenz eingesetzt werden, die automatisch selbst dann überwacht wird, wenn man gerade auf einem anderen Kanal empfängt. Die Nachfrage-Häufigkeit dieser Überwachung ist zwischen einer und 19 Sekunden einstellbar. Bis zu vier Suchbereiche lassen sich durch Eckfrequenzen selbst programmieren – z.B. das Amateurfunk- oder das Flugfunkband. Die Verweildauer auf einem Kanal im automatischen Suchbetrieb läßt sich zwischen einer und 60 Sekunden einstellen.

## RESET schützt vor „in flagranti"

Außer den 400 Speicherplätzen weist der AR-3000A noch weitere 400 Ausblendspeicher auf, die man gewissermaßen als „Negativ-Speicherplätze" beschreiben könnte: Darin lassen sich Frequenzen aufnehmen, bei denen der Suchlauf eben nicht anhalten soll. Zum Beispiel, weil diese Frequenz mit einem Dauerträger oder einem uninteressanten Signal belegt ist. Durch diese Maßnahmen kann man den Scanner so einstellen, daß er wirklich nur auf den interessierenden Kanälen stoppt. Die Verbindung zur Computerwelt stellt eine RS-232C-Schnittstelle her, für die inzwischen auch praktikable Software erhältlich ist. Hiermit lassen sich außer der Rauschsperre und dem Lautstärkeregler alle Funktionen fernsteuern. Auch die Feldstärkeanzeige steht für die Auswertung zur Verfügung.

Nach wie vor allerdings verfügt der Scanner nicht über eine BMPT-Zulassung. Wer also seinen Scanner etwa mit lauter Polizei- oder DRK-Frequenzen programmiert hat und in eine Kontrolle gerät, kann unter Umständen Ärger bekommen. Extra für den deutschen Markt hat der Importeur bogerfunk daher eine Reset-Möglichkeit durch zwei Tasten auf der Frontplatte durchgesetzt. Wer jetzt also eine Kontrolle drohend dräuen sieht, versetzt durch Druck auf zwei Tasten alle Speicher des AR-3000A wieder in ihren jungfräulichen Urzustand, um nicht „in flagranti" erwischt zu werden. Daß dabei natürlich alle Speicher gelöscht werden, dürfte das geringere Unglück sein.

## *Überlegtes Innenleben*

Wie aber beherrscht man technisch auf so kleiner Fläche einen solchen Riesen-Frequenzbereich, ohne Schiffbruch zu erleiden, wie etwa der noch ambitioniertere IC-R1? Indem man einen hohen Entwicklungsaufwand nicht scheut und jeden Frequenzbereich hinsichtlich Vorfiltern, Verstärkung und Mischfrequenzen so individuell wie möglich angeht. So schneiden die 15 Vor-Filter des AR-3000A den Riesenfrequenzbereich erst einmal in kleinere Portionsstücke. Die Eckfrequenzen der eingangsseitigen Bandpaß-Filter orientieren sich selbstverständlich an der Praxis. So steht beispielsweise für das Flugfunkband ein separates Bandfilter mit einer 3-dB-Bandbreite zwischen 108 und 136 MHz zur Verfügung, während der weitgehend „leere" Bereich zwischen 940 MHz und 2,036 GHz durch ein einziges Hochpaßfilter von den übrigen Frequenzen getrennt wird. Auf die Bandfilter folgen zwei rauscharme GaAs-FET-Verstärker, die je nach Empfangsfrequenz umgeschaltet werden. Ein manuell schaltbares Dämpfungsglied von 20 dB (bis 940 MHz) erlaubt die Empfindlichkeitsreduzierung, um damit Übersteuerungen zu dämpfen, wie sie selbst beim angegebenen Dynamikbereich von über 94 dB vor allem unter 30 MHz auftreten. Je nach Empfangsfrequenz wird danach auf eine von vier ersten Zwischenfrequenzen gemischt, die bis zu 736,23 MHz hoch sind. Nach einem weiteren Mischvorgang liegt dann für alle Signale einheitlich eine Zwischenfrequenz von 45 MHz vor, die für alle Betriebsarten außer FM gleich auf die üblichen 455 kHz gemischt wird. Für die Trennschärfe ist ein Quarzfilter in der ZF-Stufe bei 45 MHz sowie weitere Keramikfilter auf der 455-kHz-Ebene verantwortlich. Bandbreite und Formfaktor dieser Keramikfilter orientieren sich im wesentlichen am Betrieb auf Frequenzen oberhalb von 30 MHz und deren Kanalabstände. Besonders deutlich wird das beim AM-Filter, das schon bei -6 dB sage und schreibe 12 kHz und also mehr als doppelt so breit wie der Kanalabstand von Rundfunksendern auf Kurzwelle ist. Bei -60 dB beträgt die Bandbreite sogar 25 kHz. Damit ist dieses Filter klar für den Flugfunk und seine Feldstärken sowie seinem Kanalraster konfiguriert. Kurzwellenempfang muß daher – bis auf die wenigen Ausnahmen beim Empfang wirklich weit und breit frei stehender Stationen ein Fiasko werden. Bei bogerfunk hat man diesen Nachteil schon beim

Vorgänger AR-3000 erkannt und bietet jetzt als Option für AM die Möglichkeit an, das vorher nur für SSB/CW nutzbare Keramikfilter (2,4 kHz bei -6 dB/4,5 kHz bei -60 dB) auch für AM einzusetzen. Für ernsthafteren Rundfunkempfang ist diese Option ein unbedingtes Muß!

## Drumherum mit System

Der AR-3000A ist mit allen diesen Eigenschaften der intelligenteste und leistungsfähigste Scanner seiner Preis- und Größenklassen. Damit eignet er sich durchaus zum Mittelpunkt eines Systems, das wegen der Preiswürdigkeit seiner meisten Komponenten auch für den Hobby-Hörer (noch) realisierbar ist. Zu diesen Optionen zählen:

- die Software SOFT3000, die zusammen mit einem PC Frequenzüberwachung und Steuerung des Scanners sowie Spektrumanzeige, Scanbelegung und viele andere Dinge mehr ermöglicht.

- die Software AORSC mit Schwerpunkt Statistik, Frequenzbelegungs-Analysen mit Empfangs-Datum und -Uhrzeit, zwei VFOs, Offset und Mausunterstützung.

- METEOSAT für den Empfang des gleichnamigen Wettersatelliten. Zum Lieferumfang dieser Option gehören u.a. ein LNA, eine Yagi und ein FAX-Modul sowie die Software für Bilddarstellung mit bis zu 64 Graustufen. In der Profi-Ausführung ist diese Option als Steckkarte mit erweiterten Funktionen wie Zeitraffer-Aufnahme und -Darstellung sowie Decodierung auch umlaufender Satelliten erhältlich.

- „Umlaufende Satelliten" besteht aus einem Kreuzdipol für 137 MHz sowie einem Interface zur Darstellung der Wetterkarten, wie sie von umlaufenden Satelliten (NOAA z.B.) abgestrahlt werden. Die mitgelieferte FAX-Software von DJ8JV erlaubt zahlreiche Bearbeitungsmöglichkeiten wie Ausdrucken, Spiegeln, Zoom und die Graustufendarstellung in bis zu 64 Stufen.

- „Wetterkarten" arbeitet mit der selben FAX-Software und eignet sich vor allem zur Umsetzung der auf Lang- und Kurzwelle ausgestrahlten Wetterkarten entweder auf einen PC (PC-Version) oder auf einen Wetterfaxdruck WX2000 (WX-Version).

- STRATOS setzt die im Funkfernschreibcode ausgestrahlten „Wetterschlüssel" in offene Sprache um, wodurch die wie verschlüsselt erscheinenden Zahlenkolonnen der See-, Land- und Flugwettermeldungen anschaulich und auswertbar werden. Zum Lieferumfang gehören Software und Interface.

- PEILER ist eine Option, die zusammen mit einem Adcock-Antennensystem (vier Vertikalstrahler) eine Peilgenauigkeit von etwa +/- 5 liefert.

- von Semco wurde ein Panorama-Sichtgerät entwickelt, das die Echtzeit-Spektrumanzeige eines bis zu 2 MHz breiten Bereiches ermöglicht.

An diesem Zubehör zeigt sich, wie ein hochwertiger Empfänger Mittelpunkt eines ausbaufähigen Systems werden kann, das nicht nur den Ansprüchen vieler Hobby-Hörer genügt, sondern auch für professionelle Anwender eine preiswerte, verlockende Lösung darstellt. Selbstverständlich kann auch dieses System nur so stark sein wie ihr schwächster Bestandteil. Ob das etwa der Scanner selbst sein könnte, haben wir ausführlich getestet.

Das Gerät wird mit Steckernetzteil, einer Teleskopantenne, einem Stromversorgungskabel sowie einer Bedienungsanleitung in Deutsch und Englisch geliefert. Wie bei komplexen Geräten üblich, sind 20 der 23 Tasten auf der Frontplatte doppelt belegt, was sicherlich eine gewisse Gewöhnung an das Bedienungskonzept notwendig macht. Der Frequenzwähler (VFO) ist gegenüber dem Vorgängermodell nicht rastend, sondern freilaufend – was besonders den Suchempfang angenehmer macht. Lautstärke- und Squelch-Regler sowie der in diesem Szenario beängstigend antiquiert wirkende, grelle Ein- und Ausschalter ergänzen die Bedienungselemente. Das hintergrund-beleuchtete Display bietet durch die „aufstrebende" Stellung der Frontplatte bei normaler Arbeitshaltung eines gute Ablesemöglichkeit. Neben der Frequenz und fast allen anderen Funktionen läßt sich auch die relative Signalstärke an einem Balkendiagramm ablesen. Auf der Rückseite sind Antennenanschluß (BNC-Norm), Buchse für die Stromversorgung, Anschluß für RS-232C-Kabel (25-polig) und einen externen Lautsprecher sowie eine achtpolige DIN-Buchse AUX vorgesehen. Über diese läßt sich beispielsweise ein Tonbandgerät zeit- und empfangsabhängig steuern.

## Schwächen und Stärken beim Empfang

Die Frequenzwahl erfolgt entweder durch direkte Tasteneingabe der Frequenz, über den VFO-Knopf in einem wählbaren Raster (das sich verzehnfachen läßt), mit den Tasten UP oder DOWN oder über den Speicherbetrieb. Die Tasten lassen sich alle eindeutig bedienen und haben einen deutlichen Druckpunkt. Erst- und Zweitfunktion sind farblich voneinander abgesetzt, so daß die Bedienung noch übersichtlich bleibt. Die integrierte Software „denkt" überdies bei komplizierteren Eingaben, wie z.B. der von unterer und oberer Eckfrequenz für einen Bandsuchlauf, weitgehend mit.

Für unsere Empfangsversuche wählten wir eine Konfiguration, wie sie üblicherweise wohl am häufigsten anzutreffen ist: die Antenne ist ein Discone-Typ in etwa acht Metern Höhe. Sie ist eigentlich erst für Frequenzen ab 30 MHz ausgelegt, bringt aber auch darunter Signale, die schon manchen Empfänger das Fürchten lehrten.

Unter 30 MHz zeigte sich, daß die Bandbreite der nicht-modifizierten Version für Rundfunkempfang bis auf Ausnahmefälle viel zu breit war. Schon in der Betriebsart SSB mit dem automatisch geschalteten Schmalband-Filter verbessert sich die Situation stark. Der Empfänger erweist sich hier als sehr trennscharf, frequenzstabil und hochempfindlich. Der Empfang von Amateurfunksendern und selbst das Mitschreiben von Funkfernschreibstationen ist aus dieser Sicht kein Problem. Problematisch hingegen ist das Großsignalverhalten, das im Prinzip eher noch als die Trennschärfe die Leistungsfähigkeit des Empfängers unter 30 MHz eingrenzt. Selbst an der Discone-Antenne bringt der eingeschaltete Attenuator oftmals eine Empfangsverbesserung. Überdies verschwinden dann die meisten Intermodulationsprodukte.

Oberhalb von 30 MHz gelten vielfach andere Gesetze und andere Anforderungen. So steht in diesen nur spärlich belegten Bereichen die Suchlaufgeschwindigkeit im Vordergrund. Sie überstieg mit gemessenen fast 55 Kanälen/pro Sekunde noch die „Papierform" von 50 Kanälen. Der Halt erfolgt zuverlässig, so daß auch kurzzeitige Aktivität in einem größeren Frequenzbereich (Flugfunk, z.B.) so zuverlässig wie bei keinem anderen Gerät dieser und auch höherer Preisklassen erfaßt werden.

Wichtig ist gerade beim Scanner-Betrieb, daß der Suchlauf nicht bei eigenerzeugten Störträgern hält, die bei diesem großen Frequenzbereich fast unvermeidlich sind. Wir überprüften die fast 163.000 Kanäle, die sich dann ergeben, wenn man mit einem Raster von 12,5 kHz in FM-schmal den gesamten Frequenzbereich absucht – die reine Scan-Zeit beträgt schon eine knappe Stunde. Der Scanner stoppte selbsttätig auf etwa 150 Kanälen, nachdem wir den Antenneneingang mit einem 50-Ohm-„Dummy Load" abschlossen. Diese Zahl liest sich schlimmer als sie sich in der Praxis auswirkt. Denn nicht einmal bei der Hälfte dieser Frequenzen ist überhaupt ein S-Meter-Ausschlag zu merken. Überdies finden sich die meisten Eigenpfeifstellen oberhalb von 1 GHz. Der Scanner kann also mit Recht als sehr sauber gelten.

Bedauerlicherweise aber treffen wir auch oberhalb von 30 MHz wieder das Problem der Trennschärfe an, denn für das dank Privatrundfunk immer dichter belegte UKW-Rundfunkband reicht eine Trennschärfe von 800 kHz bei -50 dB schon im Normalfall kaum aus, während sich bei Überreichweiten ein kleines Chaos andeutet. Für Rundfunk-DX ist also der Empfänger nur in Verbindung mit ausgeprägten Richtantennen geeignet, während er die meisten Sender im Umkreis von 200 km dann problemlos bringt, wenn es sich nicht gerade um schwache Signale in direkter Nachbarschaft stärkerer Brummer handelt. Die Empfindlichkeit ist jedoch mehr als ausreichend.

Zu voller Leistung läuft der Empfänger dann aber in FM-schmal und AM oberhalb von 30 MHz (Flugfunk) auf. Bei den dort angewandten Kanalabständen ist die Trennschärfe zur Kanaltrennung selbst in dicht belegten Bändern sehr gut, und die hohe Empfindlichkeit tut ihr übriges, um für einen guten Empfang zu sorgen. Durch die Vorfilter-Wahl kommt es auch kaum zu Großsignaleffekten, selbst das penetrante „Eurosignal" schlug bei uns nicht nach oben oder unten durch. Hier auch kann der Scanner seine anderen positiven Eigenschaften wie den schnellen Suchlauf entfalten: dieses Empfangsszenario ist die Domäne des AR-3000A, und hier ist er praktisch konkurrenzlos.

Was uns fehlte, waren vor allem Software-Spezialitäten wie ein Speicherbereich, in den belegte Frequenzen automatisch hineingeschrieben werden. Oder die Möglichkeit, daß der Suchlauf nur bei solchen Kanälen hält, auf denen gesprochen wird. Hier aber wird die RS-232C-Schnittstelle sicherlich zu Lösungen führen.

Der AR-3000A hat sich in unserem harten Vier-Wochen-Test als der in Empfangseigenschaften, Schnelligkeit, Ausbaufähigkeit und Flexibilität herausragende Scanner auf einem relativ niedrigen Preisniveau erwiesen. Unterhalb von 30

MHz zeigt er deutliche Schwächen hauptsächlich im Großsignalverhalten, wenn man die AM-Trennschärfe-Option bereits nachgerüstet hatte. Ein hochwertiger Preselektor läßt aber auch diesen Bereich spürbar über die Empfangseigenschaften eines Koffersupers für etwa 750 DM kommen. Die Grundlagen hinsichtlich z.B. der Frequenzstabilität sind bereits gelegt.

Hinweis: Der Scanner AR-3000A wurde kurz nach Redaktionsschluß offiziell in Deutschland zugelassen.

| | |
|---|---|
| BEZEICHNUNG: | AR-3000A |
| HERSTELLER: | AOR |
| TYP: | Tisch- und Mobilscanner |
| FREQUENZBEREICH: | 100 kHz – 2.036 MHz |
| SPEICHERPLÄTZE: | 400 in vier Bänken zu je 100 |
| ABSTIMMSCHRITTE: | beliebige Raster zwischen 50 Hz und 10 MHz |
| SUCHLAUF-GESCHWINDIGKEIT: | ca. 55 Kanäle/Sekunde |
| BETRIEBSARTEN: | AM, SSB (LSB/USB), FM-breit und FM-schmal |
| BANDBREITEN: | SSB 2,4 kHz/4,5 kHz (-6 dB/-60 dB), AM und FM-schmal 12 kHz/25 kHz (-6 dB/-60 dB), FM-breit 180 kHz/800 kHz (-6 dB/-50 dB) |
| EMPFINDLICHKEIT: | 100 kHz – 2,5 MHz 1 µV in SSB, 3,2 µV in AM bei 10 dB S/N; 2,5 MHz – 1,8 GHz 0,35 µV in FM-schmal (12 dB SINAD); 1,8 GHz – 2,0 GHz 1,25 µV in FM-schmal (12 dB SINAD) |
| SCHALTUNGSPRINZIP: | Dreifachsuper mit 1. ZF von 736,23 MHz (100 kHz – 500 MHz sowie 1,65 GHz – 2,036 GHz) bzw. 352,23 MHz (500 MHz – 940 MHz sowie 1,3 GHz – 1,65 GHz) bzw. 196,63 MHz (940 MHz – 1,3 GHz), 2. ZF 45,0275 MHz und 3. ZF 455 kHz. In FM-breit Vierfachsuper mit 2. ZF 10,695 MHz, 3. ZF 45.0275 MHz und 4. ZF 455 kHz |
| STROMVERSORGUNG: | 13,8 V, max. 500 mA |
| ABMESSUNGEN/GEWICHT: | B 138 × H 80 × T 200 mm, 1,2 kg |
| PREIS: | ca. 1.998,– DM |
| VERTRIEB: | bogerfunk, Grundesch 13, D-7960 Aulendorf |
| BEMERKUNGEN: | Kompakter und empfindlicher System-Scanner mit riesigem Frequenzbereich, superschnellem Suchlauf, aber nur mittleren Qualitäten unter 30 MHz |

# AX-700E

## Der Scanner mit Weitblick

Der AX-700E von Standard ist der welterste Empfänger mit einem Spektrum-Analysator in einer Preisklasse, wie sie auch noch in Reichweite von Hobby-Hörern liegt. Das vor allem im Betriebs- und Amateurfunk engagierte Unternehmen kann hinsichtlich dieses Spektrum-Analysators, der den rechten Durchblick vor allem über 30 MHz bietet – auf die Tradition des C-5400E zurückblicken: diese luxuriöse Heimstation für Funkamateure (2-m-Band) kam Ende der 70er Jahre auf den Markt und verfügte mit ihrem „Panorama-Adapter" über eine ähnliche Einrichtung, mit der die Signale in einem Ausschnitt von +/-40 kHz bis +/-100 kHz um die eingestellte Frequenz herum sichtbar gemacht werden konnten.

Verweilen wir einen Augenblick bei diesem Sichtgerät, das beim AX-700E mit einem überragend ablesbaren, hintergrund-beleuchteten LCD-Feld realisiert wurde. Wahlweise läßt sich darauf ein Bereich von +/-50 kHz, +/-125 kHz oder +/-500 kHz um die Empfangsfrequenz herum mit einem Blick erfassen. Jede Aktivität in diesem Bereich wird durch einen senkrechten Balken dargestellt, dessen Höhe der Stärke des Signals entspricht. Die Auflösung ist ebenfalls wählbar und erfolgt in den in diesen Bereichen üblichen Kanalrastern von wahlweise 10 kHz, 12,5 kHz, 20 kHz oder 25 kHz.

Wie aber benutzt man ein solches Gerät? Das ist ganz einfach. Man stellt es beispielsweise auf den Relais-Abschnitt des 2-m- oder des 70-cm-Amateurfunkbandes ein und kann damit augenblicklich und -fällig sehen, wenn ein Relais hochgetastet wird. Oder man benutzt es dazu, bei guten Empfangsbedingungen „Aufgänge" verschiedener Bandbereiche oder Bakenfrequenzen sofort in einem großen Spektrum zu erfassen. Selbstverständlich verschafft man sich auf den nicht gerade üppig belegten Bändern oberhalb von 30 MHz damit nicht nur in den Amateurfunkbereichen den nötigen Überblick. Weitempfangs-Bedingungen beispielsweise im osteuropäischen UKW-Rundfunkband zwischen 68 MHz und 73 MHz lassen sich ebenso schnell erfassen und mit ihren stetig wechselnden Ausbreitungsbedingungen dokumentieren. Die Erfahrung der Empfangspraxis in den letzten Jahren hat gezeigt, daß für den ernsthaften Hörer ein solches Hilfsmittel praktisch unverzichtbar ist, um jederzeit die Übersicht behalten zu können.

Das LCD-Feld weist eine Diagonale von 7,5 cm auf und ist – hintergrund-beleuchtet! – unter allen Lichtverhältnissen hervorragend ablesbar. Auf diesem Feld sind alle wichtigen Daten zu sehen. Beherrscht wird es natürlich vom Spektrumanaly-

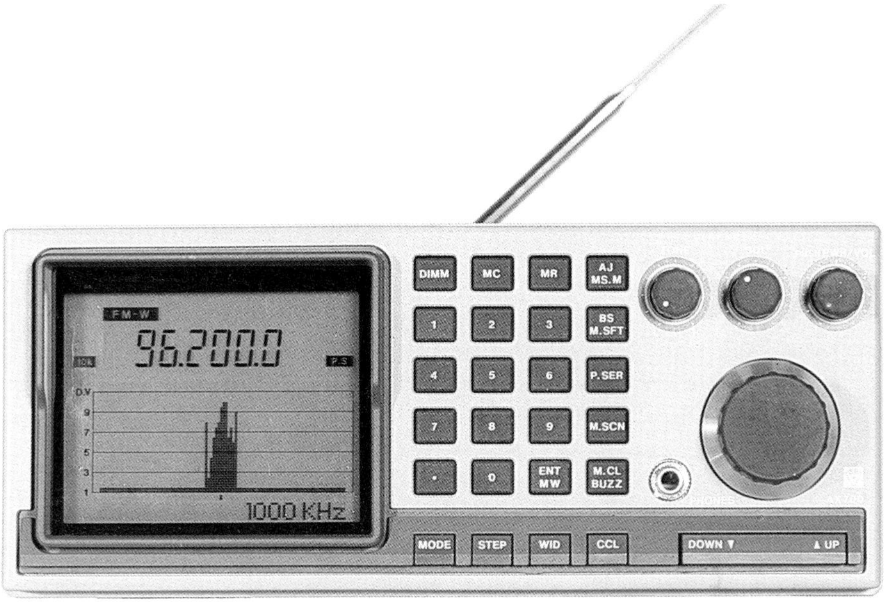


sator mit seinen sechs Strichmarkierungen für die Empfangsfeldstärke. Übersichtlich und groß steht die Anzeige der aktuellen Frequenz oben, links daneben ist das gewählte Kanalraster abzulesen: 10 kHz, 12,5 kHz, 20 kHz oder 25 kHz, bzw. zur Feineinstellung in AM 1 kHz oder 5 kHz. Die Betriebsart erscheint oberhalb der Frequenzanzeige in Negativ-Darstellung. Es lassen sich FM-breit, FM-schmal, und AM wählen, SSB ist leider ab Werk nicht vorgesehen, so daß man auf Modifikationen des Fachhandels zurückgreifen muß.

## 100 Speicherfrequenzen und zehn programmierbare Bereiche

Das Gerät verfügt über 100 Speicherfrequenzen, interessante Suchlauf-Möglichkeiten, ein Tastenfeld zur Direkteingabe von Frequenzen, einen rastenden Knopf zum „Über-das-Band-Drehen", UP- und DOWN-Taste, Tonblende, Rauschsperre (Squelch) – diese getrennt für AM und FM-schmal auf der einen sowie FM-breit auf der anderen Seite –, Ausgänge für Recorder und externen Lautsprecher, einen Versorgungsspannungs-Anschluß (8 V) für externe Geräte sowie eine Kopfhörerbuchse. Die Helligkeit des LCD-Schirms ist schaltbar. Netzteil sowie eine an der UHF-Buchse aufsteckbare Teleskopantenne gehören mit zum Lieferumfang.

Zum Innenteil sind erwähnenswert das automatisch geregelte Dämpfungsglied, die Schaltung des Empfängers als Dreifach- bzw. Doppelsuper, die Unterteilung des gesamten Frequenzbereiches in vier Unterbereiche und die mit 1,8 W raumfüllende Lautstärke des NF-Teils.

## *In der Praxis ein perfekter Scanner für Durchblicker*

Sieht man diesen Scanner zum ersten Mal, so wundert man sich zunächst über die geringen Abmessungen angesichts der genannten Eigenschaften. Die LCD-Lösung spart gegenüber einer Darstellung mit Kathodenstrahlröhre (IC-R9000) sicherlich nicht nur Platz durch ihre eigenen Mini-Abmessungen – der „flache Bildschirm" ist hier bereits Realität –, sondern auch in punkto Netzteil, das keine Hochspannung liefern muß. Gleich nach dem Einschalten kommt die zweite Überraschung: Der Bildschirm ist absolut perfekt. Kontraststark bei jedem Licht, flimmerfrei und überaus scharf konturiert. Mit einem Regler auf der Unterseite läßt sich zudem auf maximalen Kontrast bezüglich des gewünschten Betrachtungswinkels einstellen. Eine weitere Überraschung, die man von vielen Geräten dieser Art so nicht immer gewohnt ist, bietet die einfache Bedienung. Und bei alledem ist nicht zu vergessen der solide Eindruck, den die gummierten Tasten mit ihrem deutlichen Druckpunkt hinterlassen.

Bei unserem Praxistest interessierte uns natürlich zunächst das Neueste an diesem Gerät – also der LCD-Schirm. Wir begaben uns dazu in das 2-m-Amateurfunkband, um die Relaisfrequenzen optisch zu erfassen. Dieses Band erstreckt sich (Ausgabe, gleich Sendefrequenz der Relaisfunkstelle) von 145,600 MHz bis 145,800 MHz und ist durch ein 25-kHz-Raster strukturiert. Also stellten wir demzufolge als Betriebsart FM-schmal ein, das Kanalraster auf „25 kHz" und wählten einen Sichtbereich des Displays von 250 kHz (+/-125 kHz). Damit nun ließ sich der Bereich von 145,575 MHz bis 145,825 MHz lückenlos überwachen. Ununterbrochen tastet der Spektrumanalyzer in hohem Tempo das gesamte Band ab und setzt jeweils dort einen Balken, wo ein Signal empfangen wird. Währenddessen ist natürlich weiterhin ein ungestörter Empfang auf der Mittenfrequenz (145,700 MHz) möglich.

Wenn man aber nun abseits davon ein Signal „gesehen" hat, wie kann man es dann auch hören?! Hier bewährt sich eine weitere Innovation dieses japanischen Herstellers, ohne die in Zukunft kein derartiges Gerät mehr konkurrenzfähig sein dürfte: die Taste „Band Scope". Ist sie gedrückt, so läßt sich bei weiterhin ununterbrochenem Empfang ein kleiner Zeiger über den gesamten, im Display sichtbaren Frequenzbereich schieben – im eingestellten Frequenzraster. Drückt

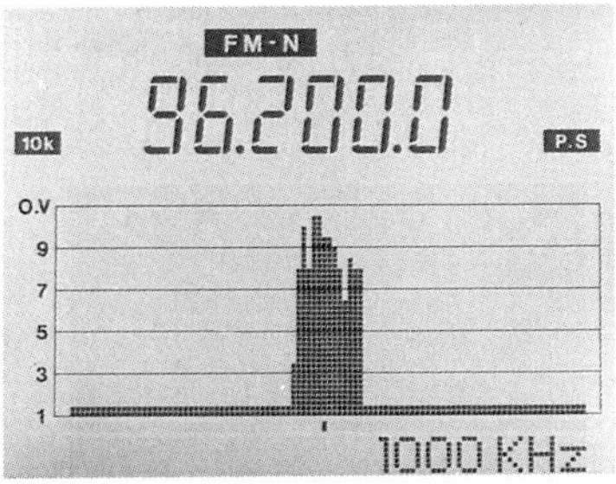


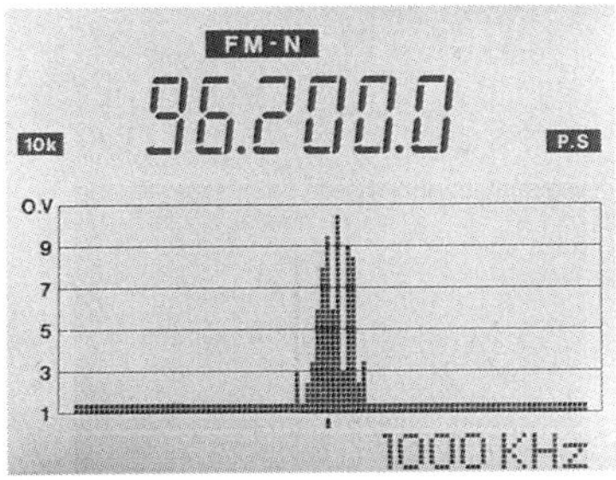


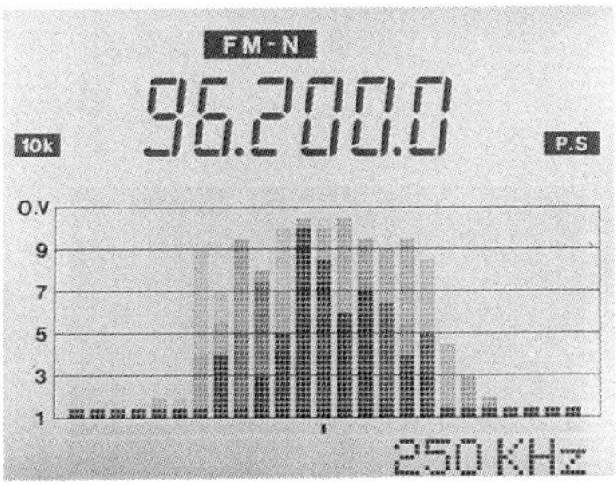


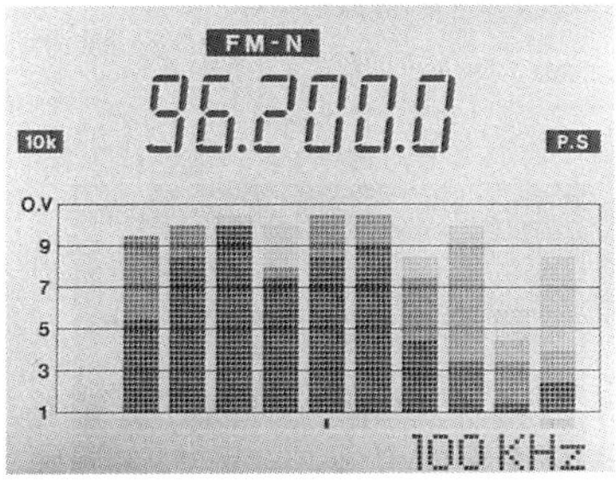


man daraufhin die Taste ENTER, so springt der Empfänger auf die mit diesem Zeiger eingestellte Frequenz. Wie aber wieder schnell zurück? Mit der Taste CLEAR ist man ebenso augenblicklich wieder auf der vorher eingestellten Monitor-Frequenz. Mit diesem mobilen Zeiger haben wir allerhand Stationen „erjagen" können, die ansonsten wahrscheinlich übersehen worden wären.

Die Abtastgeschwindigkeit, mit der das komplette Display immer wieder akutalisiert wird, hängt von der eingestellten Sichtweite ebenso wie von dem gewählten Frequenzraster ab. Am schnellsten geht es natürlich im 25-kHz-Raster bei nur 100 kHz Sichtweite: hier braucht der Scanner ja auch lediglich fünf Kanäle abzutasten, um den Bildschirm einmal mit den neuen Daten aufzubauen. Am längsten also dauert es im 10-kHz-Raster bei 1 MHz Sichtbreite – klar, müssen dann doch genau 100 Werte auf ihren neuesten Stand gebracht werden. Bei unseren Versuchen haben wir ein geradezu atemberaubendes Tempo von 50 Kanälen pro Sekunde festgestellt. Damit zählt der AX-700E zu den schnellsten Scannern überhaupt. Während des Display-Suchlaufes zeigt eine kleine Markierung immer genau auf die Frequenz, auf der sich die Abfrage gerade befindet.

Der Empfänger verfügt über mehrere Suchlauf-Möglichkeiten, von denen zumindest eine ebenso innovativ wie praxisnah ist: Mit „Programme Search" lassen sich bis zu zehn Frequenzbereiche einspeichern, die separat aufgerufen und automatisch gescannt werden können.

# *Viele Suchlaufmöglichkeiten erleichtern den Überblick*

Maximal 100 Frequenzen speichert der AX-700E – mit Betriebsart und Kanalraster. Sie alle können direkt aufgerufen werden, lassen sich scannen oder das Ganze läßt sich auch ausschließlich mit markierten Kanälen durchführen. Des weiteren bietet der Scanner die Möglichkeit, den gesamten Empfangsfrequenzbereich oder den durch untere bzw. obere Eckfrequenz markierten Bereich automatisch abzutasten.

Stoppen läßt sich der Suchlauf mit insgesamt vier wählbaren Methoden: – Stop bei jedem Signal. Wiederaufnahme nach fünf Sekunden oder nachdem der Träger unter die mit dem Regler Squelch eingestellte Schwelle gefallen ist. – Stop bei jedem Signal. Wiederaufnahme nach zwei Sekunden, nachdem entweder auf dem Kanal nicht gesprochen wurde (aber der Träger noch anliegt) oder eben auch der Träger abgefallen ist. – Stop bei jedem Signal. Wiederaufnahme nach jeweils zwei Sekunden – gänzlich unabhängig vom Zustand des Kanals. – Stop bei jedem Signal. Wideraufnahme zwei Sekunden, nachdem der Träger abgefallen ist.

Wenn der AX-700E schon hinsichtlich der Bedienung keinerlei Wünsche offenläßt, wie steht es dann mit dem Empfang? Die Empfindlichkeit ist selbst auf dem kritischen 70-cm-Band recht hoch, und der Empfänger trennt einwandfrei im üblichen AM- und FM-Kanalraster. Das Großsignalverhalten ist – zusammen mit der Teleskopantenne – durchaus praxisnah. Nur in unmittelbarer Nähe starker Sender und/oder an breitbandig angepaßten Antennen kommt es zu gelegentlichen Großsignalstörungen in unmittelbarer Umgebung dieser starken Signale. Für die meisten Standorte trifft jedoch diese Einschränkung nicht zu.

Ein Blick noch in den Innenaufbau des Gerätes: Tuner und PLL sind voll abgeschirmt und gekapselt. Der Rest ist auf fünf Platinen in gemischter Radial- und SMD-Bauweise platzsparend aufgebaut. Diese Platinen sind über ein Motherboard miteinander verbunden. Anzeigen-, Steuerungs- und Bedieneinheit sind vom eigentlichen Empfangsteil völlig abgesetzt und nochmals komplett abgeschirmt.

Der Scanner, der mit derzeit einmaligen Eigenschaften ausgestattet ist, darf als technologischer Marktführer einer ganzen Geräteklasse bezeichnet werden.

| | |
|---|---|
| BEZEICHNUNG: | Standard AX-700E |
| TYP: | Tisch- und Mobilscanner |
| FREQUENZBEREICHE: | 50 MHz – 905 MHz (für Funkamateure) bzw. 144 MHz – 146 MHz und 430 MHz – 440 MHz (Amateurfunk-Ausführung) |
| SPEICHERPLÄTZE: | 100 plus 10 Suchlauf-Speicher für zehn programmierbare Frequenzbereiche |
| ABSTIMMSCHRITTE: | 1 kHz, 5 kHz, 10 kHz, 12,5 kHz, 20 kHz, 25 kHz |
| BETRIEBSARTEN: | FM-schmal, FM-breit, AM |
| EMPFINDLICHKEIT: | besser als 0,5 µV/12 dB SINAD für FM-breit |
| SQUELCH-SCHWELLE: | 0,2 µV |
| SCHALTUNGSPRINZIP: | Dreifachsuper in FM-schmal und AM mit 46 MHz als 1. ZF, 10,7 MHz als 2. und 455 kHz als 3. Zwischenfrequenz. In FM-breit fehlt die 455-kHz-ZF (Doppelsuper) |
| STROMVERSORGUNG: | 13,8 V Gleichspannung, 1 A bei 2 W NF-Ausgangsleistung |
| ABMESSUNGEN/GEWICHT: | B 180 × H 75 × T 180 mm, 2,1 kg inkl. Antenne |
| MITGELIEFERTES ZUBEHÖR: | Antenne |
| EXTRA-ZUBEHÖR: | Video-Cassette (zeigt in 20 Minuten die komplette Bedienung), breitbandige Discone-Antenne CDS-150 |
| HANDBUCH: | in Deutsch |
| PREIS: | ca. 1.200,– DM |
| VERTRIEB: | Fachhandel, Info über: RICOFUNK stabo Elektronik, Münchewiese 16, D-3200 Hildesheim |
| BEMERKUNGEN: | preiswerter Scanner mit Spektrum-Analysator, vielfältigen Suchlauf-Möglichkeiten, Tonband-Ausgang, Stromausgang (8 V/40 mA) für Zusatzgeräte |

# Yaesu FRG-9600

## Einer der ersten mit SSB

1985 kam dieser kleine Scanner heraus, und er war der bis dato erste Scanner von Yaesu – einem japanischen Hersteller, der vor allem im Bereich des Amateur- und Betriebsfunks einen weltweit exzellenten Ruf hat. Kurzwellenhörern ist zudem die Reihe der hochwertigen Empfänger – vom legendären FRG-7 bis zum heutigen FRG-8800 – sicherlich im Gedächtnis. Der FRG-9600 überstreicht den Bereich von 60 MHz bis 905 MHz lückenlos und ist sogar in einer Amateurfunkband-Ausführung für solche Hörer erhältlich, die keine Funkamateure sind. Haben Sie den letzten Halbsatz richtig verstanden? Wenn nicht, ist es nicht so schlimm, denn darin reflektierte sich lediglich eine ebenfalls schwer verständliche Haltung der Deutschen Bundespost. Also nochmal: Bekanntermaßen dürfen nur lizenzierte Funkamateure einen Scanner betreiben, weil dieser aufgrund seines Frequenzbereiches keine Allgemeine Zulassung erhalten kann. Otto Normalverbraucher jedoch darf einen Empfänger benutzen, mit dem er ausschließlich die Amateurfunkbereiche empfangen darf – diesen sogenannten „Amateurfunkband-Empfänger" jedoch gibt es in freier Wildbahn nicht, er muß also erst in Deutschland hierfür domestiziert werden. Und da ist eben RICOFUNK als Importeur eine Firma, die solche Band-Empfänger anbietet, d.h., daß der eigentlich ununterbrochen von 60 MHz bis 905 MHz umfassende Frequenzbereich auf die Amateurfunkbänder 2 m und 70 cm reduziert ist. Die Frequenzabstimmung läßt sich in Schritten zu 100 Hz, 1 kHz, 5 kHz, 10 kHz, 12,5 kHz, 25 kHz oder 100 kHz vornehmen. Als Betriebsarten stehen FM-schmal, FM-breit, AM-schmal und AM-breit sowie – bis 460 MHz – auch noch SSB zur Verfügung. Die umschaltbare AM-Bandbreite erhöht nicht nur in den Flugfunkbereichen die Flexibilität, sondern ist auch bei Einsatz eines Konverters für Kurzwellenempfang von großem Vorteil.

Ein solcher Konverter setzt die Kurzwelle (3 MHz bis 30 MHz) auf z.B. den Bereich von 60 MHz bis 87 MHz um und ermöglicht damit den preiswerten Empfang auch dieses Frequenzbereiches. Die Frequenzabstimmung erfolgt übrigens mit einem leicht rastenden Abstimmknopf im genannten Raster, was besonders für Suchempfang ideal ist.

Die Bedienung des FRG-9600 wird von einem Mikroprozessor kontrolliert, der auch 100 Speicherfrequenzen erlaubt. Außer der Frequenz „merken" diese sich auch noch die Betriebsart. Die 24-Stunden-Digitaluhr arbeitet als Zeitschaltuhr und bietet die Möglichkeit, den Empfänger zu den programmierten Zeiten ein- und auszuschalten. Natürlich kann mit dem FRG-9600 auch „gescannt" werden: und zwar sowohl in durch Eckfrequenzen begrenzten Bandabschnitten als auch auf bestimmten, gespeicherten Kanälen oder aber im gesamten Frequenzbereich. Gestoppt wird dann entweder manuell oder automatisch durch ein Ansprechen der Rauschsperre. In diesem Fall sind übrigens zwei verschiedene Typen von „Rauschsperre" vorgesehen. Die eine arbeitet wie üblich und richtet sich ausschließlich nach der Stärke des Empfangssignals, ohne seinen Inhalt (also: ob moduliert oder nicht moduliert) zu berücksichtigen. Damit nun der Scanner nicht „stundenlang" auf solchen unmodulierten Trägern verweilt, läßt sich in der Betriebsart AF-SCAN so schalten, daß nur auf modulierten Kanälen gestoppt wird.

Zur leichteren Bedienung trägt nicht nur das informative Display bei, sondern auch die Organisation der 100 Speicher in Gruppen zu zehn Stück. Überdies ist der Empfänger – für wahrlich unbegrenzte Bedienungsmöglichkeiten – auch noch über einen separaten Computer fernsteuerbar.

Der FRG-9600 hat sich seit seinem Erscheinen als unkomplizierter, leicht bedienbarer Scanner mit guten Empfangseigenschaften gut bewährt.

| | |
|---|---|
| BEZEICHNUNG: | Yaesu FRG-9600 |
| TYP: | Tisch- und Mobilscanner |
| FREQUENZBEREICHE: | 60 MHz – 905 MHz (für Funkamateure)<br>bzw. 144 MHz – 146 MHz und 430 MHz – 440 MHz<br>(Amateurfunk-Ausführung) |
| SPEICHERPLÄTZE: | 100 Frequenzen |
| ABSTIMMSCHRITTE: | 100 Hz, 1 kHz, 5 kHz, 10 kHz, 12,5 kHz,<br>25 kHz, 100 kHz (je nach Betriebsart) |
| BETRIEBSARTEN: | AM-breit, AM-schmal, FM-breit,<br>FM-schmal, SSB |
| BANDBREITEN: | (-6 dB/-50 dB): SSB/AM-schmal 2,6 kHz/8 kHz,<br>AM-breit 6,0/9,0 kHz, FM-schmal 15 kHz/30 kHz,<br>FM-breit 180 kHz/520 kHz (-20 dB) |
| EMPFINDLICHKEIT: | 0,5 µV/12 dB SINAD (FM) |
| SPIEGELFREQUENZ-<br>SICHERHEIT: | 50 dB |
| SCHALTUNGSPRINZIP: | Dreifachsuper mit den Zwischenfrequenzen 45,754 MHz,<br>10,7 MHz und 455 kHz |
| STROMVERSORGUNG: | 12 V – 15 V Gleichspannung, 550 mA |
| ABMESSUNGEN/GEWICHT: | B 180 × H 80 × T 220 mm, 2,2 kg |
| MITGELIEFERTES<br>ZUBEHÖR: | Stabantenne, Stromversorgungskabel,<br>Mobilhalterung MMB-28, Aufstellbügel |
| EXTRA-ZUBEHÖR: | breitbandige Discone-Antenne |
| HANDBUCH: | in Deutsch |
| PREIS: | ca. 1.350,– DM |
| VERTRIEB: | Fachhandel, Info über: RICOFUNK stabo Elektronik,<br>Münchewiese 16, D-3200 Hildesheim |
| BEMERKUNGEN: | Leistungsfähiger, preiswerter und einfach zu<br>bedienender Scanner, der mit einem<br>Konverter auch Kurzwellen-tauglich ist. |

# ICOM IC-R100

## Mobil auf allen Frequenzen

Scanner der „neuen" Generation, der nicht nur einzelne Bereiche ab 30 MHz erfaßt, sondern den kompletten Frequenzbereich von der Langwelle 100 kHz bis zur SHF-Frequenz von 1.856 MHz lückenlos in den Betriebsarten AM, FM-schmal und FM-breit abdeckt. Seine Stärken hat dieser Scanner jedoch in den Bereichen ab 30 MHz, während er unter 30 MHz lediglich den Empfang stärkerer und nicht sehr stark gestörter Rundfunksender ermöglicht. Bemerkenswert ist der Eingang des Empfängers, bei dem man zwischen „normal", „Abschwächer" (-20 dB) und „Verstärker" (+15 dB) schalten kann. Damit läßt sich das Gerät immer recht genau sowohl dem Empfang schwacher Signale als auch dem Empfang starker Stationen anpassen. Die Bedienung wird durch die große, hintergrund-beleuchtete LCD-Anzeige unterstützt, auf der nicht nur die Frequenz, sondern auch alle anderen wichtigen Daten abzulesen sind – beispielsweise Betriebsart, Abstimmraster und Signalstärke. Der Scanner verfügt über 100 Speicherplätze sowie nochmals zehn selbst programmierbare Frequenzbereiche, die in den Suchlauf mit einbezogen werden können. Insgesamt 20 Kanäle sind für die Funktion AUTO WRITE vorgesehen, also das automatische Einspeichern aktiver Kanäle in einem bestimmten Bandabschnitt. Für das Speicher-„Management" stehen alle Möglichkeiten des automatischen Suchlaufes und seiner Wiederaufnahme zur Verfügung, die man sich nur wünschen kann. Hervorzuheben sind noch die Zeitschaltuhr und eine Rauschunterdrückung, die vor allem Zündfunkenstörungen in der Betriebsart AM lindert. Ebenfalls noch nicht Standard in dieser Klasse ist die automatische Scharfabstimmung AFC in der Betriebsart FM. Der IC-R100 ist ein in seiner Leistung oberhalb von 30 MHz überzeugender Mobilscanner bei zudem noch recht einfacher Bedienung. Deshalb auch wollen wir ihn uns vom Konzept und von seiner Leistung her etwas genauer ansehen.

## Der Empfänger ist ein Vierfachsuper

Das Empfangskonzept sieht einen Vierfachsuper mit 1. ZF von 110 MHz (bis 50 MHz Empfangsfrequenz) bzw. 46 MHz (zwischen 50 MHz und 905 MHz) bzw. 430 MHz – 905 MHz (ab 905 MHz), 2. ZF von 45 MHz, 3. ZF von 10,7 MHz und schließlich der 4. ZF von 455 kHz vor. Die erste Zwischenfrequenz variiert deshalb so stark nach Frequenzbereich, weil sich der gigantische Frequenzbereich nicht mit einer einzigen 1. ZF erfassen ließe. In der Praxis muß sich im übrigen erweisen, ob die sogar noch unter der niedrigsten Empfangsfrequenz liegende Zwischenfrequenz von 46 MHz zu Spiegelfrequenzproblemen führt. Für den Eingang hat man die Möglichkeit, im Frequenzbereich 50 MHz – 905 MHz einen Vorverstärker mit 15 dB Verstärkung zu schalten, der schwache Signale anhebt. Im gesamten Frequenzbereich läßt sich das 20-dB-Dämpfungsglied in den Empfangsweg schalten. Auf der Rückseite sind übrigens drei Antennenanschlüsse – zwei davon in N-Norm – für die verschiedenen Frequenzbereiche vorgesehen.

Hinsichtlich der Bedienung braucht man auf keinerlei Komfort zu verzichten. Beispielsweise nicht auf die Möglichkeit „Auto Write Memory" zum automatischen Einschreiben belegter Frequenzen während des Suchlaufes in den Speicherbereich von 80 bis 99. Oder auf eine automatische FM-Scharfabstimmung (für FM, ab 50 MHz), den Störbegrenzer oder die (Schalt-)Uhr.

Wie man alle diese Funktionen steuert? Über bis zu dreifach belegte Tasten des geradezu winzigen Tastenfeldes. Die Rückmeldungen über das informative LC-Feld erleichtert aber die Bedienung doch sehr. Wobei wir übrigens schon mitten in der Praxis sind. Konzipiert ist der Empfänger dafür, entweder eingespeicherte Frequenzen abzuklappern oder mit dem Hauptabstimmknopf im eingestellten Raster Bänder abzusuchen. Die Erstfunktion des numerischen Tastenfeldes ist nämlich nicht die Ziffer zum Eintasten der Frequenz, sondern immer eine andere – beispielsweise Betriebsart, Frequenzraster, Vorverstärker/Dämpfungsglied, AFC/Störbegrenzer (ANL) etc. Daran muß man sich gewöhnen, denn hat man den Empfänger erst einmal im Auto installiert, so lassen sich die Tasten nicht sehr gut ablesen. Aber was will man eigentlich? Wer viele Funktionen in einem dazu noch kleinen Gerät möchte, muß zwangsläufig mit einer Bedienung rechnen, die man erst einmal erlernen muß. Das ist auch hier der Fall. Hat sich die Logik aber erst einmal eingeprägt, dann geht die Bedienung fast wie „blind". Allerdings sind die Tasten aus Moosgummi und alles andere als optimal zu bedienen.

## *Die Praxis*

Rundum erfreulich ist die Leistung des Gerätes, die sich deutlich vom schwachen IC-R1 abhebt. Sind Lang- und Mittelwelle wegen reduzierter Empfindlichkeit mit nur eher schwachen Signalen bestückt, so ändert sich das Bild auf Kurzwelle sehr: hier sind praktisch alle internationalen Stationen mit Programmen nach Europa zu hören. Am besten, man schaltet dazu das Dämpfungsglied ein, da sich sonst selbst an einer 100 cm langen Teleskopantenne Großsignalprobleme ergeben. In der genannten Konfiguration aber hört man nur in schwach belegten Bändern den typischen Teppich aus undefinierbaren Signalen. Alles wäre eitel Freude und der

Empfänger wäre sogar ein akzeptables Kurzwellengerät, wenn nicht das zu breite AM-Filter alles wieder zunichte machte. Durch seine für Kurzwelle unverhältnismäßig große Bandbreite sind auf Kurzwelle Sender nur in Ausnahmesituationen unbeeinflußt von Nachbarstationen zu empfangen. Ausgesprochen schade – bei einem engeren und kaum 'mal teureren Filter würde die Situation völlig anders aussehen. Auf den Frequenzen oberhalb von 30 MHz hat man sich für das Konzept: „mittlere Empfindlichkeit – akzeptables Großsignalverhalten" entschieden, nachdem man mit dem Konzept „hohe Empfindlichkeit – schlechtes Großsignalverhalten" beim IC-R1 gescheitert ist. Das Verfahren des IC-R100 ist sicherlich vorzuziehen, denn für das optimale Konzept „hohe Empfindlichkeit – gutes Großsignalverhalten" kann es in dieser Preisklasse einfach nicht ausreichen. Konkret heißt das, daß man alle UKW-Sender seiner eigenen Region sowie auch einige Relaissender hören kann. Daß das Europasignal nicht überall durchbricht, wird dann allerdings damit erkauft, daß die Sender WDR und Radio Bremen – am Standort Hannover normalerweise mit mittlerem bzw. niedrigem Pegel zu empfangen – nicht einmal nachzuweisen sind.

Aus alledem ergibt sich auch der Anwendungsbereich des IC-R100. Wer also im Bereich oberhalb von 30 MHz die lokalen und regionalen Sender hören will und auf die zahlreichen Funktionen sowie den weiten Frequenzbereich Wert legt, ist mit ihm sehr gut bedient. Allerdings mag man sich fragen, warum denn der Hersteller überhaupt den Kurzwellenbereich mit aufgenommen hat. Denn daß das nur ein Werbeargument ist und der Kurzwellenempfang mit fast jedem kleinen Taschen-Doppelsuper besser ist, stellt man erst nach dem Kauf fest.

| | |
|---|---|
| BEZEICHNUNG: | ICOM IC-R100 |
| TYP: | Mobil- und Tischscanner |
| FREQUENZBEREICHE: | 100 kHz – 1.856 MHz durchgehend in der internationalen Version (bei Difona/Offenbach). Die Ausführung von Icom Europe für Deutschland erfaßt lediglich die folgenden Bereiche: 13,95 MHz – 14,0 MHz, 28,0 MHz – 29,7 MHz, 144,0 MHz – 146,0 MHz, 430,0 MHz – 440,0 MHz und 1.240 MHz – 1.300 MHz |
| SPEICHERPLÄTZE: | 100 plus 10 Suchlauf-Speicher für zehn programmierbare Frequenzbereiche |
| ABSTIMMSCHRITTE: | 1 kHz, 5 kHz, 8 kHz, 10 kHz, 12,5 kHz, 20 kHz, 25 kHz, je nach Frequenzbereich |
| BETRIEBSARTEN: | AM, FM-schmal, FM-breit |
| BANDBREITEN: | AM 6 kHz/-6 dB, FM-schmal 15 kHz/-6 dB, FM-breit 180 kHz/-3 dB |
| EMPFINDLICHKEIT: | zwischen 0,2 und 0,56 µV in FM/12 dB SINAD |
| SCHALTUNGSPRINZIP: | Vierfachsuper mit 1. ZF von ca. 110 MHz (bis 50 MHz) bzw. 46 MHz (50 MHz – 905 MHz) bzw. 430 MHz – 905 MHz (ab 905 MHz), 2. ZF 45 MHz, 3. ZF 10,7 MHz, 4. ZF 455 kHz |
| STROMVERSORGUNG: | 13,8 V Gleichspannung, weniger als 1,1 A |
| ABMESSUNGEN/GEWICHT: | B 150 × H 50 × T 181 mm, 1,4 kg |
| EXTRA-ZUBEHÖR: | breitbandige Discone-Antenne AH-7000 sowie externer Lautsprecher |
| HANDBUCH: | in Englisch, Deutsch je nach Vertriebsweg |
| PREIS: | ca. 1.400,– DM |
| VERTRIEB: | Fachhandel<br>Prospekte über Icom Europe GmbH, Himmelgeister Str. 100, D-4000 Düsseldorf |
| BEMERKUNGEN: | kleiner, leistungsfähiger und mobiler Scanner mit übersichtlicher Bedienung und Anzeige aller Funktionen. |

# Yupiteru MVT-8000

## Neuauflage eines nicht nur eleganten Designs

Der Vergleich mit dem Vorgänger MVT-6000D zeigt schon, was sich innerhalb von zwei Jahren bei den selben Abmessungen und praktisch gleichem Preis alles verändern kann: so wurde etwa die Zahl der Speicherplätze von 100 auf 200 verdoppelt, und auch der Frequenzbereich erfuhr eine erhebliche Erweiterung – er reicht nun von 8 MHz bis 1,3 GHz durchgehend. Abstimmen läßt er sich sogar bis hinunter zur Langwelle 100 kHz.

In vielem mutet dieser Scanner wie die Tischversion des Handscanners MVT-7000 an. Das jedenfalls gilt nicht nur für die Technischen Daten, sondern erst recht für das Bedienungskonzept.

Besonders praktisch sind dabei die zehn auf (doppelten) Knopfdruck zugänglichen Frequenzbereiche, die hinsichtlich Betriebsart, unterer und oberer Eckfrequenz sowie Frequenzraster nach amerikanischem Muster bereits programmiert sind. Diese Daten lassen sich selbstverständlich vom Benutzer ändern, so daß man mit einem Dreh am Abstimmknopf alle Relais-Ausgabefrequenzen im 2-m-Amateurfunkband erfaßt.

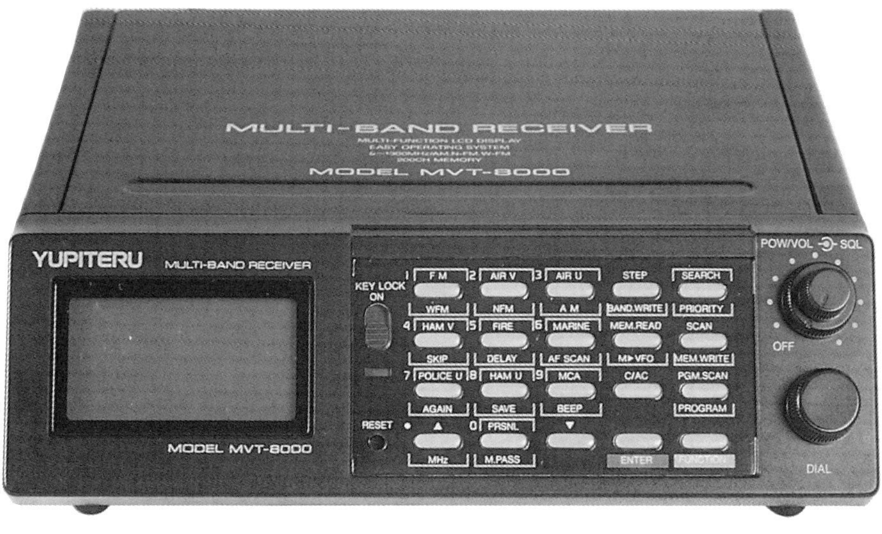

Bedient wird der Scanner gottlob nicht nur über das Tastenfeld, sondern er verfügt auch über einen rastenden Drehknopf für die Abstimmung wie bei einem halbwegs normalen Radio. Noch ein Wort zum Tastenfeld: hier läßt sich jede Frequenz direkt eintippen, ohne vorher den Weg oder Umweg über die vorherige Eingabe eines Speicherplatzes zu gehen. Die meisten der schmalen und glatten Tasten mit ihrem deutlichen Druckpunkt – der soetwas an das Knacken einer Fliege erinnert – sind zweifach belegt, die allerdings bedauerlicherweise kaum farblich voneinander abgesetzt sind. Dadurch wird die Bedienung ein wenig gewöhnungsbedürftig. Das Display weist erfreulicherweise eine Balkenanzeige der relativen Signalstärke auf.

Der eigentliche Suchlauf ist „intelligent". Er läßt sich so schalten, daß er nur dann stoppt, wenn auf dem entsprechenden Kanal auch eine Modulation anliegt – also etwa gesprochen wird. Die Frequenzwahl erfolgt entweder durch direkte Eingabe mit dem Tastenfeld oder das Weiterschalten in Richtung oberer bzw. unterer Frequenzen im zwischen 5 kHz und 100 kHz wählbaren Frequenzraster mit dem Drehknopf auf der Oberseite oder mit den Tasten UP bzw. DOWN des Tastenfeldes. Für den automatischen Suchlauf stehen verschiedene Möglichkeiten zur Verfügung, so das Suchen nach aktiven Frequenzen innerhalb eines der zehn Bänder, einer der zehn Bänke und das Scannen der Speicherplätze. Hiervon lassen sich elektronisch markierte Kanäle ausnehmen.

Auf der Rückseite steht neben der BNC-Antennenbuchse und der Buchse für die Stromversorgung ein schaltbares Dämpfungsglied zum Reduzieren der Eingangsspannung zur Verfügung.

Im Gegensatz zu seinem Vorgänger ist der MVT-8000 auch für die Betriebsart FM-breit und damit den Empfang des UKW-Rundfunks und des Fernsehtones ausgelegt. Von seinen inneren Werten her zählt auch der Nachfolger – wie schon sein Vorgänger – zu den ausgezeichnet verarbeiteten Scannern. Der Empfang mit diesem kleinen und flachen Gerät ist zumeist gut, wobei sich die besten Ergebnisse im FM-Sprechfunk ergeben. Hier überzeugt das Gerät durch eine klare, und sehr verständliche Wiedergabe. In der Betriebsart AM wird wohl das selbe Filter eingesetzt, das damit selbst für den Flugfunk eindeutig zu breit ist. So richtig allerdings fällt das nur unter 30 MHz auf, wo ein Rundfunksender dann gleich 20 kHz belegt und damit nur den Empfang wirklich weit und breit freistehender Stationen (BBC 9410 ist die Traumfrequenz dafür) ermöglicht. Im Flugfunk ergeben sich keine echten Probleme mit der Trennschärfe, allerdings wäre der Empfang mit einem schmaleren Filter vor allem hinsichtlich des Rauschens noch besser. Der UKW-Rundfunkempfang, stößt nur bei starker Belegung des Bandes hinsichtlich des ZF-Filters an seine Grenzen, während Großsignalprobleme – wie ein durchschlagender Europieper – in aller Regel durch Einschalten des Dämpfungsgliedes ausgeräumt werden können. Jedenfalls dann, wenn eine der üblichen Teleskopantennen mit bis zu 1 m Länge eingesetzt wird.

| | |
|---|---|
| BEZEICHNUNG: | MVT-8000 |
| HERSTELLER: | Yupiteru |
| TYP: | Tisch- und Mobilscanner |
| FREQUENZBEREICHE: | 8 MHz – 1,3 GHz (auch zwischen 100 kHz und 8 MHz abstimmbar, dort ohne Datenhaltigkeit) |
| SPEICHERPLÄTZE: | 200 |
| ABSTIMMSCHRITTE: | 5/10/12,5/25/50/100 kHz |
| BETRIEBSARTEN: | FM-schmal, FM-breit und AM |
| EMPFINDLICHKEIT: | 0,5 µV bis 1 GHz, besser als 1 µV darüber (FM-schmal, 12 dB SINAD) |
| STROMVERSORGUNG: | 12 V, Netzteil im Lieferumfang |
| ABMESSUNGEN/GEWICHT: | B 160 × H 45 × T 155 mm, 0,65 kg |
| HANDBUCH: | Deutsch |
| PREIS: | ca. 750,– DM |
| VERTRIEB: | Fachhandel, Alleinimporteur bogerfunk, Grundesch 15, D-7960 Aulendorf |
| BEMERKUNGEN: | Eleganter, flacher Scanner mit großem Frequenzbereich für Mobil- und Feststationsbetrieb. |

# Realistic PRO-2025

## „Polizeistreife" im Äther

Der Spitzname dieses Realistic PRO-2025 sagt schon ganz klar, wofür er ausgelegt ist: „Patrolman" ist im Amerikanischen die „Polizeistreife", im Englischen soetwas wie ein „Gelber Engel". Und auch die Frequenzbereiche sowie die Betriebsarten zeigen, daß er ausschließlich für den Empfang von UKW-Sprechfunk entwickelt wurde. Es handelt sich dabei um einen kleinen, flachen Scanner, der zusammen mit einer Mobilhalterung geliefert wird und sogar die passenden Buchsen zum Einschieben in eine entsprechende Aufnahme (mit Anschlüssen für externen Lautsprecher, Gleichstromversorgung und den Pkw-Büschel-Antennenstecker) auf der Rückseite aufweist.

Die Frontplatte weist keine Besonderheiten auf und würde im übrigen einem schön gestalteten CB-Gerät ebenfalls gut anstehen. Die Bedienung erfolgt über das Tastenfeld – wobei zunächst den bis zu 16 Speicherkanälen erst einmal die Frequenzen zugeordnet werden müssen. Diese lassen sich einfach mit der Zehnertastatur eintippen. Hat man die interessanten Kanäle belegt, so drückt man die Taste „Scan", und der Suchlauf beginnt. Mit der Lock-Out-Funktion lassen sich zur Zeit unerwünschte und auch nicht belegte Kanäle aus diesem Suchlauf ausschließen. Der Suchlauf hält zuverlässig, sobald ein Signal die mit dem Regler Squelch eingestellte Schwelle überschreitet. Kanal 1 läßt sich als Vorzugskanal schalten, so daß man diesen und einen beliebigen anderen Kanal immer fast zugleich im Ohr hat. Außer dem automatischen Suchlauf läßt sich jeder Kanal auch manuell ansteuern – allerdings wird dann die Bedienung rasch umständlich.

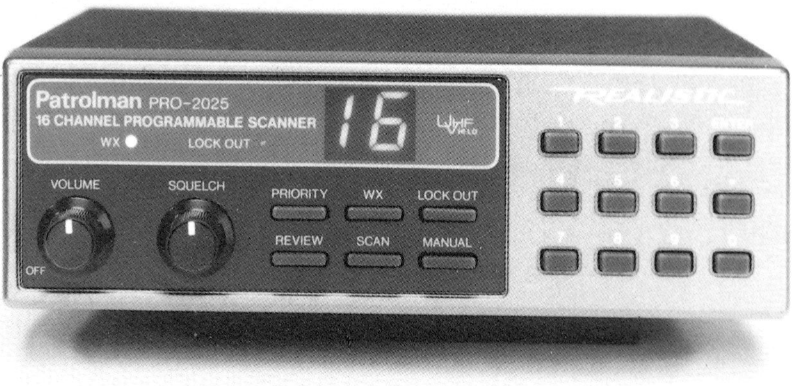

Die Frequenzbereiche erfassen alle dem nicht-öffentlichen, beweglichen Landfunk zugeteilten Frequenzen der Bänder 4 m, 2 m und 70 cm. In einer kleineren Region lassen sich mit 16 Kanälen praktisch alle aktiven Frequenzen erfassen, in einem Großraum wenigstens die wichtigsten. Hat man alle Speicherplätze belegt, so sind diese in gut einer Sekunde abgesucht. Der Empfang selbst ist so, daß an einer kleinen Stabantenne die üblichen Relaisfunkstellen in der Umgebung gut gehört werden können. Die kleine Kiste ist nicht super-großsignalfest, was sich aber nur in Ballungsgebieten bemerkbar machen dürfte. Wie nicht anders zu erwarten, ist die Wiedergabe durch den nach unten abstrahlenden Lautsprecher nicht besonders laut – außer natürlich im Rolls Royce, dessen lautestes Geräusch bekanntlich das Ticken der Quarzuhr ist. Ein wirkungsvoller Außenlautsprecher ist fast ein Muß. Wer also nur wenige Kanäle preiswert beobachten will, für den ist der 1990 zum ersten Mal auf den Markt gekommene und ebenso konventionell wie sauber aufgebaute „Patrolman" eine passende Lösung. Wer mehr will, muß eben auch mehr ausgeben.

| | |
|---|---|
| BEZEICHNUNG: | Realistic PRO-2025 |
| HERSTELLER: | Uniden |
| TYP: | Mobil- und Tischscanner |
| FREQUENZBEREICHE: | 66 – 88 MHz, 136 – 174 MHz, 406 – 512 MHz |
| SPEICHERPLÄTZE: | 16 |
| ABSTIMMSCHRITTE: | 5 kHz bis 174 MHz, 12,5 kHz bis 512 MHz |
| SUCHLAUF-GESCHWINDIGKEIT: | 12 Kanäle/Sekunde |
| BETRIEBSARTEN: | FM-schmal |
| BANDBREITEN: | 22 kHz/30 kHz (-6 dB/-50 dB) |
| EMPFINDLICHKEIT: | zwischen 0,5 und 1,0 µV bei 20 dB S+N/N |
| SPIEGELFREQUENZ-SICHERHEIT: | 40 – 55 dB |
| SCHALTUNGSPRINZIP: | Doppelsuper mit 10,85 MHz als 1. und 450 kHz als 2. ZF |
| STROMVERSORGUNG: | 13,8 V Gleichspannung, 180 – 520 mA |
| ABMESSUNGEN/GEWICHT: | B 140 × H 45 × T 175 mm, 0,8 kg |
| HANDBUCH: | u.a. Englisch, Handbuchauszug in Deutsch |
| PREIS: | ca. 360,– DM |
| VERTRIEB: | Fachhandel, Alleinimporteur: SIKA Electronic GmbH, Harkortstr. 25, D-4030 Ratingen |
| BEMERKUNGEN: | Preiswerter Scanner zum Überwachen von max. 16 festen Frequenzen. |

# Bearcat 760 XLT

## *Mobil und als Feststation*

Der Scanner 760 XLT ist gleichermaßen für den Betrieb als Mobil- oder als Feststation geeignet. Er überstreicht alle Betriebsfunkbereiche in den Bändern 4 m, 2 m und 70 cm, den Flugfunkbereich sowie das Band von 806 bis 956 MHz. Hervorzuheben sind die 100 Speicherfrequenzen, die sich in bis zu fünf Gruppen mit je maximal 20 Speichern organisieren lassen. Damit ist ein unmittelbarer Zugriff auf verschiedene Funkkreise bzw. unterschiedliche Regionen gegeben. Dank seiner Mikroprozessor-Steuerung verfügt der Scanner über zahlreiche Bedienmöglichkeiten:

- ❑ automatischer Suchlauf aller Speicher einer Gruppe
- ❑ automatischer Frequenzsuchlauf innerhalb von max. fünf beliebig festlegbaren Bereichen
- ❑ Überwachung eines programmierbaren Vorzugskanals
- ❑ direkte Frequenzeingabe über Tastenfeld
- ❑ direkter Speicheraufruf über Tastenfeld

Der automatische Speicher-Suchlauf arbeitet mit 15 Kanälen/Sekunde außergewöhnlich schnell. Beliebig viele Kanäle lassen sich markieren und somit aus dem Suchlauf herausnehmen. Eine Speichernummer läßt sich zur Vorzugskanal-Überwachung aktivieren: der Scanner prüft dann automatisch alle zwei Sekunden, ob hier eine Aktivität anliegt und schaltet in diesem Fall auf den Vorzugskanal um. Auf der Rückseite befinden sich u.a. Anschlüsse für einen externen Lautsprecher und einen Kassettenrecorder.

| | |
|---|---|
| BEZEICHNUNG: | Bearcat 760 XLT |
| FREQUENZBEREICHE: | 66 – 88 MHz, 108 – 174 MHz,<br>350 – 512 MHz, 806 – 956 MHz |
| SPEICHERPLÄTZE: | 100 Kanäle in fünf Gruppen |
| FREQUENZRASTER: | 5 kHz, oberhalb von 406 MHz: 12,5 kHz |
| BETRIEBSARTEN: | FM-schmal, AM im Flugfunkbereich |
| EMPFINDLICHKEIT: | 0,3 µV bis 0,8 µV bei 12 dB SINAD<br>(abhängig vom Frequenzbereich) |
| NF-AUSGANGSLEISTUNG: | 2 W |
| STROMVERSORGUNG: | 13,8 V (220-V-Netzteil im Lieferumfang) |
| ABMESSUNGEN: | B 150 × H 42 × T 187 mm |
| GEWICHT: | ca. 540 g |
| BEDIENUNGSANLEITUNG: | in Deutsch |
| MITGELIEFERTES ZUBEHÖR: | Teleskopantenne, Netzteil,<br>Stromversorgungs-Kabel, Mobilhalterung |
| PREIS: | ca. 800,– DM |
| VERTRIEB: | stabo Elektronik,<br>Münchewiese 16, D-3200 Hildesheim |
| BEMERKUNGEN/<br>WERTUNGEN: | leistungsfähiger Scanner für<br>Mobil- und Feststations-Einsatz |

# Geräteteil Testberichte

# Stationsscanner

# Realistic PRO-58

## „Softes" Pult

Im Vergleich mit den wenigen anderen Scannern in Pultform fällt die Form des PRO-58 regelrecht „soft" aus. Er ist ein kleiner und leichter Tisch-Scanner, der über ein externes und beiliegendes Netzteil gespeist wird, was seinen Betrieb auch mobilerweise erlaubt. Für den Empfang fast aller Dienste des nicht-öffentlichen, mobilen Landfunk weist er alle Frequenzen auf, erfaßt allerdings nicht das Flugfunkband oder die Betriebsart AM. Die Bedienung ist so wie auch bei anderen Tisch-Scannern von Realistic üblich: erst den gewünschten Speicherplatz wählen, dann die Frequenz eintippen. Leider stehen nur zehn Speicherplätze zur Verfügung, so daß dieser Scanner allenfalls für die allerwichtigsten Kanäle einiger Dienste innerhalb eines Großraums oder die wichtigsten Kanäle der wichtigsten Dienste in einer Kleinstadt geeignet ist.

Alle Kanäle werden – in bescheidenem Tempo – per Suchlauf gescannt. Aus diesem Suchlauf können durch elektronische Markierung bestimmte Frequenzen ausgenommen werden. Der Suchlauf hält automatisch, sobald ein Signal die

Squelch-Schwelle überschreitet und startet wieder, wenn das Signal abfällt. Hierfür läßt sich mit Taste „Delay" eine Verzögerungszeit von zwei Sekunden einstellen, so daß der Suchlauf zwischen Umschaltpausen nicht einfach die Frequenz vor Beendigung des Funkgespräches verläßt.

Seinen Zweck erfüllt er auf den in den Technischen Daten genannten Bändern recht gut. Er eignet sich wegen seines begrenzten Speicherbereiches aber trotzdem nur als Zweit-Scanner oder wirklich nur für die Überwachung einiger Relaisfunkstellen.

| | |
|---|---|
| BEZEICHNUNG: | Realistic PRO-58 |
| HERSTELLER: | Uniden |
| TYP: | Tischscanner |
| FREQUENZBEREICHE: | 68 – 88 MHz, 138 – 174 MHz, 380 – 512 MHz |
| SPEICHERPLÄTZE: | 10 |
| ABSTIMMSCHRITTE: | 5 kHz bis 174 MHz, 12,5 kHz ab 380 MHz |
| SUCHLAUF-GESCHWINDIGKEIT: | 8 Kanäle/Sekunde |
| BETRIEBSARTEN: | FM-schmal |
| BANDBREITEN: | 20 kHz/40 kHz (-6 dB/-50 dB) |
| EMPFINDLICHKEIT: | 1 µV |
| SPIEGELFREQUENZ-SICHERHEIT: | 50 dB bis 174 MHz, darüber nicht spezifiziert |
| SCHALTUNGSPRINZIP: | Doppelsuper mit 10,7 MHz als 1. und 455 kHz als 2. ZF |
| STROMVERSORGUNG: | 220 V (mit beiliegendem Stecker-Netzteil), 10 W |
| ABMESSUNGEN/GEWICHT: | B 210 × H 52 × T 175 mm, 0,65 kg |
| HANDBUCH: | Englisch, Handbuchauszug in Deutsch |
| PREIS: | ca. 385,– DM |
| VERTRIEB: | Fachhandel, Alleinimporteur SIKA Electronic GmbH, Harkortstr. 25, 4030 Ratingen |
| BEMERKUNGEN: | Kleiner Tisch-Scanner, wegen bescheidenen Speicherangebotes eher als Zweit-Scanner gerne gesehen. |

# PRO-2022 und PRO-2005

## Die Tischscanner von Realistic

Von Realistic gibt es zwei ausgesprochene Stationsscanner, nämlich das Modell PRO-2022 und der neue PRO-2005. Obwohl sich die beiden Geräte im Aussehen sehr ähnlich sind, unterscheiden sie sich in Technik, Frequenzbereich und Bedienungskomfort doch deutlich.

Der PRO-2022 bietet alle wichtigen VHF- und UHF-Sprechfunk-Bereiche von 68 bis 960 MHz. Der Scanner verfügt über 200 Speicherplätze, die sich in 10 Bänken zu je 20 Kanälen organisieren lassen. Zusätzlich sind 10 sogenannte Monitorkanäle vorhanden. Die Bedienung erfolgt über ein recht übersichtliches Tastaturfeld. Die Frequenz und alle wichtigen Betriebszustände werden auf dem beleuchteten LC-Display dargestellt.

Mit zwei Suchlaufgeschwindigkeiten kann man entweder bestimmte Memory-Bänke scannen oder zwischen zwei beliebigen Eckfrequenzen nach Aktivität suchen. Zusätzlich ist die Überwachung eines Prioritätskanals möglich.

Der PRO-2022 wird betriebsbereit mit Netzanschluß und Teleskopantenne geliefert. Eine abgesetzte Außenantenne läßt sich über eine BNC-Buchse anschließen. Zur Verbesserung der Wiedergabe ist ein Kopfhörer- und Zusatzlautsprecher-Anschluß vorhanden. Der PRO-2022 ist ein empfehlenswerter Tischscanner mit guten Empfangseigenschaften bei einfacher Bedienung und akzeptablem Preis.

Gegenüber dem PRO-2022 bietet der Tischscanner PRO-2005 von Realistic noch etwas mehr an Möglichkeiten und Ausstattung. Der Frequenzbereich reicht von 25 bis 520 MHz (CB-Funk ist also hier dabei), sowie von 760 bis 1300 MHz. Der Scanner verfügt über 400 Speicherplätze, die sich in 40 Gruppen zu je 10 Frequenzen organisieren lassen – sonst würde man ja glatt den Überblick verlieren. Das übersichtliche LC-Display zeigt alle wichtigen Betriebszustände an.

Der Suchlauf arbeitet sowohl innerhalb der Speicher als auch zwischen zwei selbst definierten Eckfrequenzen mit zwei unterschiedlichen Geschwindigkeiten. Ein Prioritätskanal läßt sich auch dann überwachen, während man gerade auf einer anderen Frequenz hört. Vom Speichersuchlauf lassen sich durch die Funktion „Lock Out" beliebige Frequenzen ausnehmen. Sie werden dann im Suchlauf einfach übersprungen.

Die Bedienung ist trotz der vielen Möglichkeiten durch die funktionell gestaltete Frontplatte recht übersichtlich und leicht zu erlernen. Ähnliche Funktionen sind zu farblich unterschiedlich unterlegten Funktionsblöcken zusammengefaßt und eindeutig beschriftet.

Das Gerät wird betriebsbereit mit Netzanschluß und Teleskopantenne geliefert. Eine abgesetzte Außenantenne läßt sich über eine BNC-Buchse anschließen. Zur Verbesserung der Wiedergabe ist ein Kopfhörer- und Zusatzlautsprecher-Anschluß vorhanden. Außerdem läßt sich ein Tonband/Cassettenrecorder anschließen. Der PRO-2005, das Spitzenmodell von Realistic, ist ein empfehlenswerter Tischscanner mit großem Frequenzbereich, guten Empfangseigenschaften und viel Bedienungskomfort.

| | |
|---|---|
| BEZEICHNUNG: | Realistic PRO-2005 |
| FREQUENZBEREICHE: | 25 – 520 MHz, 760 – 1300 MHz |
| SPEICHERPLÄTZE: | 400 Frequenzen in 10 Bänken zu je 40 Kanälen sowie 10 Monitor-Kanäle |
| ABSTIMMSCHRITTE: | 5/12,5/50 kHz |
| ABSTIMMGESCHWINDIGKEIT: | 8 oder 16 Kanäle pro Sekunde |
| BETRIEBSARTEN: | FM-breit, FM-schmal, AM |
| BANDBREITEN: | FM-schmal und AM: 18 kHz/30 kHz (-6 dB/-50 dB), FM-breit: 300 kHz/600 kHz (-6 dB/-50 dB) |
| EMPFINDLICHKEIT: | 0,5 µV bei FM-schmal, 3,0 µV bei FM-breit und 2 µV bei AM, im höheren Frequenzbereich läßt die Empfindlichkeit nach. |
| ABMESSUNGEN: | B 220 × H 76 × T 205 mm |
| GEWICHT: | 2,2 kg |
| PREIS: | ca. 1.200,– DM |
| VERTRIEB: | u.a. Lange Electronic, Klemensstr. 5, 5778 Meschede |
| BEMERKUNGEN/WERTUNG: | Ein leistungsfähiger Tischscanner mit großem Frequenzbereich und großer Speicherkapazität. |

| | |
|---|---|
| BEZEICHNUNG: | Realistic PRO-2022 |
| FREQUENZBEREICHE: | 68 – 88 MHz, 108 – 174 MHz, 380 – 512 MHz, 806 – 960 MHz |
| SPEICHERPLÄTZE: | 200 Frequenzen in 10 Bänken zu je 20 Kanälen, sowie 10 Monitor-Kanäle |
| ABSTIMMSCHRITTE: | 5/12,5/50 kHz |
| ABSTIMMGESCHWINDIGKEIT: | 8 oder 16 Kanäle pro Sekunde |
| BETRIEBSARTEN: | FM-schmal |
| BANDBREITEN: | 9 kHz/15 kHz (-6 dB/-50 dB) |
| EMPFINDLICHKEIT: | zwischen 0,5 µV und 2 µV |
| ABMESSUNGEN: | B 220 × H 75 × T 210 mm |
| GEWICHT: | 1,65 kg |
| PREIS: | ca. 758,– DM |
| VERTRIEB: | u.a. Lange Electronic, Klemensstr. 5, 5778 Meschede |
| BEMERKUNGEN/WERTUNG: | Ein bedienungsfreundlicher Tischscanner für alle wichtigen Sprechfunkbereiche mit ausreichender Speicherkapazität. |

# PRO-2024

## Am Steuer-Pult

Der PRO-2024 zählt zu den wenigen Scannern in Pultform, die ein wenig an wissenschaftliche Geräte im Wohnzimmer-Design erinnern. Der Empfänger umfaßt alle die Frequenzbereiche, in denen sich in Deutschland der größte Teil des nicht-öffentlichen, mobilen Landfunkdienstes abspielt. Neben der hierfür verwendeten Betriebsart FM-schmal verfügt er auch über AM, um die Flugfunkbänder abhören zu können. SSB und FM-breit sind – wie bei fast allen Scannern dieser Preis- und Leistungsklasse – nicht vorgesehen.

Gewicht, Abmessungen und natürlich das eingebaute Netzteil weisen den PRO-2024 als einen typischen Tisch-Scanner der mittleren Preisklasse aus. Auf der Rückseite ist zwar eine Auto-Antennenbuchse vorgesehen, jedoch ist der Scanner nicht an einer Gleichstromquelle einzusetzen. Außer dem genannten Antennenanschluß läßt sich auf der Oberseite eine mitgelieferte Teleskopantenne einschrauben.

Die Bedienung erfolgt über ein zweigeteiltes Tastenfeld: das numerische Tastenfeld bietet u.a. die Eingabe der gewünschten Frequenz, während sich mit den zwölf Tasten auf der linken Seite verschiedene Funktionen steuern lassen. Der Scanner verfügt über 60 Speicherplätze, die sich in sechs Banken mit je zehn Plätzen organisieren lassen; hinzu kommen sechs weitere Monitor-Speicher. Die Speicher lassen sich maßgeschneidert wie folgt belegen: Zunächst bestimmt man den Bereich, in den man Frequenzen innerhalb einer Speicherbank ablegen möchte. Dazu sind dessen untere und obere Grenzfrequenz einzugeben. Dann startet der Hörer den Suchlauf – er stoppt immer dann, wenn ein Signal die mit dem Squelchregler eingestellte Schwelle überschreitet. In diesem Fall wird die Monitor-Taste gedrückt, wo diese Frequenz (maximal sechs sind hier möglich) zunächst einmal „geparkt" wird, um sie dann in die gewünschte Speicherbank zu übernehmen. Wenn man in dieser Weise erst einmal alle gewünschten Frequenzen gespeichert hat, dann hat man sozusagen einen maßgeschneiderten Scanner vor sich. Die Speicher lassen sich dann entweder manuell oder per Suchlauf aufrufen. Auch dieser Scanner verfügt über eine sog. „Delay"-Taste: ist sie gedrückt, bleibt der Suchlauf etwa zwei Sekunden auch nach Abfall des empfangenen Senders auf der Frequenz. Damit lassen sich Funkgespräche selbst bei Umschaltpausen komplett verfolgen, ohne daß der Suchlauf innerhalb dieser zwei Sekunden wieder automatisch startet und damit den Empfang eines kompletten Gespräches unterbrechen würde.

Eine weitere Möglichkeit, die Bänder zu knacken, ist der unbegrenzte Suchlauf in Richtung höherer oder tieferer Frequenzen von der eingestellten Frequenz aus.

Wie inzwischen bei den meisten Realistic-Scannern, so ist man auch in Sachen eigenerzeugte Pfeifstellen („Birdies") realistisch und listet sie sogar im Handbuch auf – es sind 17 Stück, nur eine davon im zumeist benutzten 4-m-Band. Solche Frequenzen, aber auch Kanäle, deren Aktivität im Moment nicht interessiert, lassen sich durch eine elektronische Markierung aus dem Suchlauf ausnehmen. Oft benötigen wird man auch die Funktion „Vorzugskanal" des Doppelsupers. Hierfür ist automatisch Speicherplatz Nummer 1 vorgesehen. Hat man diese Prioritäts-Funktion aktiviert, so schaltet der Scanner alle zwei Sekunden automatisch vom gerade eingestellen Kanal auf den Speicherplatz 1. Ist hier gerade Betrieb, so bleibt der Suchlauf hier stehen – was ja Sinn eines „Vorzugs"-Kanals ist.

Wenn es dem Scanner einmal schlecht gehen sollte, sein Mikroprozessor Bauchschmerzen hat und man mit den Anzeigen auf dem übersichtlichen LC-Feld nichts mehr anfangen kann – dann löst man einfach auf der Rückseite mit einem spitzen Gegenstand die Funktion „Reset" aus, wodurch der Scanner wieder auf seine ab Werk gespeicherten Anfangsfunktionen zurückgestellt wird. Angenehm ist übrigens die 3,5-mm-Kopfhörerbuchse auf der Frontseite, die denn das Hören jedweder Funkkreise im Wohnzimmer nicht andere stört.

Die Wiedergabe des Scanners ist in beiden Betriebsarten recht ordentlich, besonders in FM-schmal. Auch die Trennschärfe ist bei den hier üblichen Frequenzrastern völlig ausreichend.

| | |
|---|---|
| BEZEICHNUNG: | PRO-2024 |
| HERSTELLER: | Uniden |
| TYP: | Tischscanner |
| FREQUENZBEREICHE: | 68 – 88 MHz, 118 – 136 MHz, 138 – 174 MHz, 380 – 512 MHz |
| SPEICHERPLÄTZE: | 60 in zehn Bänken, 6 Vorzugskanäle |
| ABSTIMMSCHRITTE: | 5 kHz bis 174 MHz (Flugfunkband 118 – 136 MHz: 25 kHz), 12,5 kHz ab 380 MHz |
| SUCHLAUF-GESCHWINDIGKEIT: | 16 Kanäle/Sekunde |
| BETRIEBSARTEN: | FM-schmal, AM im Flugfunkband |
| BANDBREITEN: | 18 kHz/30 kHz (-6 dB/-50 dB) |
| EMPFINDLICHKEIT: | 0,5 – 2 µV |
| SPIEGELFREQUENZ-SICHERHEIT: | 50 dB bis 174 MHz, darüber nicht spezifiziert |
| SCHALTUNGSPRINZIP: | Doppelsuper mit 1. ZF von 10,7 MHz und 2. ZF 455 kHz |
| STROMVERSORGUNG: | 220 V Wechselspannung, 13 W |
| ABMESSUNGEN/GEWICHT: | B 250 × H 60 × T 180 mm, 1,5 kg |
| HANDBUCH: | Englisch, Handbuchauszug in Deutsch |
| PREIS: | ca. 600,– DM |
| VERTRIEB: | Fachhandel, Alleinimporteur SIKA Electronic GmbH, Harkortstr. 25. 4030 Ratingen |
| BEMERKUNGEN: | Tisch-Scanner im eigenwilligen Pult-Design für die wichtigsten Sprechfunkbereiche einschließlich Flugfunk mit eigenwilliger Frequenzeingabe. |

# Realistic PRO-2023 und Bearcat UBC 175/177 XLT

Irgendwie ulkig im Design wirkt dieser Tischscanner. Hat man dieses Gerät nicht schon einmal in einer älteren amerikanischen Fernsehserie gesehen? Dahin passen würde es jedenfalls.

Diesen Scanner, der eher aussieht wie eine Mischung aus Tischrechner und Weckradio, gibt es in verschiedenen Versionen und unter verschiedenen Markennamen (Uniden/Bearcat und Tandy/Realistic). Die einfacheren Versionen bieten lediglich 16 Speichermöglichkeiten, der neuere Realistic PRO-2024 hat 66 Speicherplätze.

Mit diesem Stationsscanner lassen sich die wichtigen Sprechfunkbereiche 4 m, 2 m und 70 cm sowie das Flugfunkband empfangen. Leider können nur 16 Frequenzen eingespeichert werden und im Kanalsuchlauf automatisch oder manuell aufrufen. Dies reicht nur, wenn man wirklich nur ganz wenige Frequenzen überwachen möchte. Darüber hinaus läßt sich natürlich jede beliebige Frequenz über das numerische Tastenfeld einstellen.

Neben dem Speichersuchlauf bietet der Scanner auch einen Frequenzsuchlauf zwischen zwei programmierbaren Eckfrequenzen sowie eine Vorzugskanal-Überwachung (das Gerät prüft dann automatisch alle zwei Sekunden, ob auf dem Vorzugskanal eine Aktivität anliegt und schaltet gegebenenfalls auf diesen Kanal um).

Der Scanner hat ein eingebautes Netzteil bzw. wird mit Netzteil geliefert. Ebenfalls zum Lieferumfang gehört eine Teleskopantenne. Eine separate Antenne kann angeschlossen werden, ebenso ein besserer externer Lautsprecher.

Wer Geschmack an diesem Gerät findet und zudem nur geringe Ansprüche an Speicher- und Scan-Möglichkeiten stellt, kann sich für diesen Scanner in der Version Realistic PRO-2023 (Preis ca. 450,– DM) bzw. Uniden Bearcat 175 XL / 177 XLT (Preis ca. 490,– DM) entscheiden. Mit 66 Speicherplätzen etwas komfortabler ist die Version Realistic PRO-2024 (Preis ca. 680,– DM).

| | |
|---|---|
| BEZEICHNUNG: | Realistic PRO-2023<br>Bearcat 175XL/177XLT |
| FREQUENZBEREICHE: | 66 – 88 MHz, 108 – 174 MHz, 406 – 512 MHz |
| SPEICHERPLÄTZE: | 16 Kanäle |
| FREQUENZRASTER: | 5 kHz, oberhalb von 406 MHz: 12,5 kHz |
| BETRIEBSARTEN: | FM-schmal, AM im Flugfunkbereich |
| EMPFINDLICHKEIT: | 0,3 µV bis 0,5 µV bei 12 dB SINAD (abhängig vom Frequenzbereich) |
| TRENNSCHÄRFE: | +/- 25 kHz bei -55 dB |
| NF-AUSGANGSLEISTUNG: | 1 W |
| STROMVERSORGUNG: | Netzanschluß oder über mitgeliefertes Netzteil |
| ABMESSUNGEN: | B 240 × H 62 × T 180 mm |
| GEWICHT: | ca. 570 g |
| ANTENNE: | Teleskopantenne gehört zum Lieferumfang |
| PREIS: | ca. 450,– bis 490,– DM |
| VERTRIEB: | u.a. Lange Electronic, Klemensstr. 5, 5778 Meschede<br>oder stabo Elektronik, Mönchewiese 16, 3200 Hildesheim |
| BEMERKUNGEN/<br>WERTUNGEN: | Einfacher Stationsscanner zur Überwachung kleiner Funkkreise. |

# Icom IC-R7100

## Hohe Frequenzen – hohe Qualität

Mit dem IC-R7100 hat Icom den Nachfolger des wegen seiner Empfangsqualitäten beliebten IC-R7000 in neuem Gewand vorgestellt. Er überstreicht den gesamten Frequenzbereich von 25 MHz bis 2 GHz auf professionellem Niveau, was durch Computeranbindung und ausgefuchste Software (diese bei: Kirschbaum-Computertechnik, Amselweg 3, D-5657 Haan 1) noch bestätigt wird. Und der Empfangsteil des IC-R7100 gleicht oberhalb von 30 MHz dem Blockschaltbild des IC-R9000 wie ein Ei dem andern.

## Professionelles Konzept

Der Empfänger überstreicht den Frequenzbereich von 25 MHz bis 2 GHz in wählbaren Schritten zu 100 Hz, 1 kHz, 5 kHz, 10 kHz, 12,5 kHz, 20 kHz, 25 kHz, 100 kHz und 1 MHz. Das läßt eine gute SSB-Abstimmung (100 Hz) ebenso zu wie man in größeren Bereichen beim 100-kHz-Raster eine Übersicht behält. Im Bereich von 25 MHz – 1 GHz sowie im 23-cm-Amateurfunkband sind die Daten garantiert. Der Empfänger arbeitet als Dreifachsuper in den Betriebsarten SSB, AM und FM-schmal, während er für FM-breit (Rundfunk) unter Weglassen der letzten ZF als Doppelsuper geschaltet ist. Zwischen 25 MHz und 512 MHz liegt die 1. ZF bei 778,700 MHz; zwischen 512 MHz und 1,025 GHz beträgt sie 266,700 MHz. In beiden Fällen liegt die 2. ZF bei 10,7 MHz. Der Bereich oberhalb von 1,025 GHz wird durch einen zusätzlichen, internen Quarzkonverter erschlossen. Herausragendes Feature ist die mitlaufende Vorselektion („Tracking Preselektor"), die alle in diesem Bereich besonders gefürchteten Nebenwellen auf mehr als 50 dB Abstand hält und außerdem für ein überragendes Rausch- und Großsignalverhalten sorgt. Auch die Trennschärfe ist auf die vielen Einsatzfälle ausgerichtet. Sie liegt für SSB (und CW) bei 2,4 kHz, während für AM und FM-schmal zwei Bandbreiten zur Verfügung stehen: 6 kHz und 15 kHz. Ergänzt wird dieses durch FM-breit mit gut 150 kHz Bandbreite. SSB verwendet man nicht nur in SSB, sondern auch für einige FAX-Ausstrahlungen und selbstverständlich Harmonische von SSB-Sendungen. AM wird im zivilen Flugfunkbereich fast durchgehend verwendet. Die umliegenden Flughäfen können gut mit 15 kHz Bandbreite abgehört werden, während sich das Signal-/Rauschverhältnis vor allem bei schwächeren Signalen in Stellung 6 kHz bedeutend verbessert. FM-schmal sollte zunächst mit 15 kHz Bandbreite versucht werden. Hiermit ist Sprechfunk am besten zu hören. Liegt das Signal jedoch dicht an der Rauschschwelle, so können vor allem Sprachsendungen durch Umschalten auf 6 kHz in ihrer Verständlichkeit bedeutend verbessert werden. Das geht sogar soweit, daß durch diese Einengung der Bandbreite vorher nicht hörbare Stationen aus dem Rauschen auftauchen. FM-breit ist für den normalen Rundfunkempfang sowie für den Empfang des Fernsehtons eingebaut. Für die Darstellung auch des Fernsehbildes auf einem separaten Monitor steht übrigens der als Zubehör erhältliche Konverter TV-R7100 zur Verfügung. Wenn man mit 150 kHz Bandbreite bei Rundfunkempfang nicht mehr weiterkommt – z.B. bei Interferenzen oder schwachen Signalen –, so kann man auch für Rundfunkempfang auf 15 kHz Bandbreite schalten. Musiksendungen werden dann zwar verzerrt sein, Sprache aber kommt in vielen Fällen noch verständlich. Mancher DX-Empfang kann dadurch noch gerettet werden.

Die Empfindlichkeit entspricht mit 0,2 µV für SSB bei 10 dB S+N/N in SSB (0,35 µV für FM/12 dB SINAD) der guter Amateurfunkgeräte. Das Kunststück ist beim IC-R7100 allerdings, diese hohe Empfindlichkeit über den gesamten Frequenzbereich bemerkenswert gleichmäßig hoch zu halten.

## Hoher Bedienungskomfort mit vielen Suchlaufmöglichkeiten

Soweit zu einigen Aspekten der technischen Leistungsfähigkeit dieses Gerätes. Aber auch der Bedienungskomfort ist nicht zu verachten. Insgesamt stehen 900 Speicherfrequenzen zur Verfügung, die in neun verschiedenen „Bänken" mit je 100 Frequenzen organisierbar sind. Jeder Speicherplatz kann mit einer individuellen Nummer von 1 bis 9 markiert werden; Speicher mit einer gemeinsamen Nummer lassen sich dann auch gemeinsam scannen. Zehn Bereiche lassen sich durch jeweils untere und obere Eckfrequenzen markieren und dann auch scannen. Man denke hier an Rundfunk- wie Amateurfunkbereiche, auf die sich der große Empfangsbereich dann für diesen Zweck einschränken läßt. Der Zugriff zu den Speicherfreqenzen kann übrigens auch mit der Hauptabstimmung erfolgen, was ich im Vergleich zu den anderen Möglichkeiten – UP/DOWN-Tasten oder numerische Eingabe – am angenehmsten empfinde.

Wichtig für die Abstimmung in allen FM-Betriebsarten ist die Mittenanzeige. Mußte beim IC-R7000 noch immer das S-Meter auf Diskriminator-Anzeige umgeschaltet werden, so verfügt der IC-R7100 nun im gut ablesbaren und hintergrund-beleuchteten Display über ein System von zwei Pfeilen und einem Quadrat zur exakten Anzeige. Das ganze arbeitet so ähnlich wie die Lichtwaage der Sucherkamera Leica M6: man weiß immer genau, in welche Richtung man für eine optimale Einstellung drehen muß. Unterstützt wird diese Einstellung durch

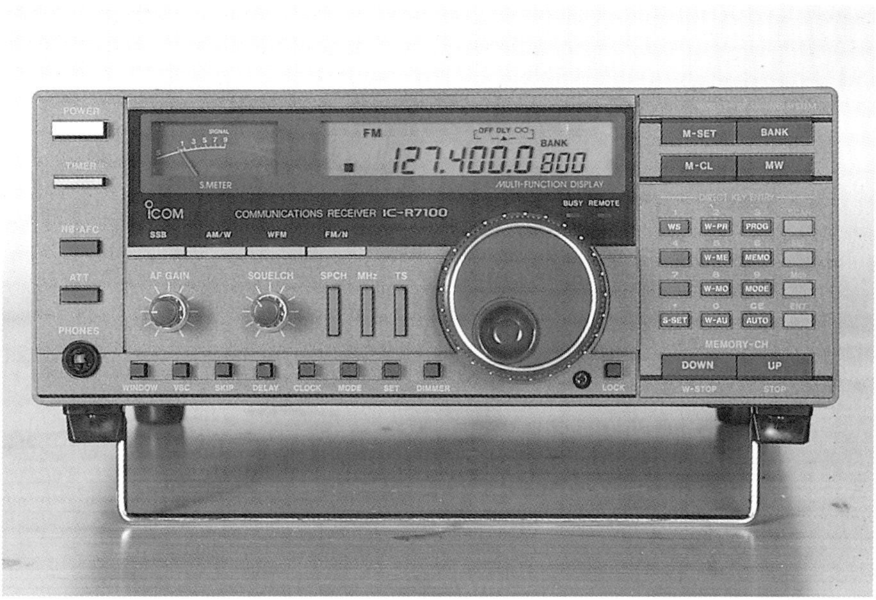


die AFC, die das Signal automatisch innerhalb eines gewissen Bereiches auf Mitte zieht. So lassen sich auch kleine Ablagen von der Normfrequenz sehr genau bestimmen - beispielsweise beim sogenannten Präzisions-Offset der Fernsehsender. In AM/SSB dient die selbe Taste (AFC) zur Aktivierung des Störaustasters, der die gerade in diesen Bereichen allfälligen Knack-Störungen durch Haushaltsgeräte fast komplett beseitigt.

Um den Riesen-Frequenzbereich des Empfängers vernünftig handhaben zu können, sind eine Vielzahl von Suchlauf-Möglichkeiten vorgesehen:

- im Programm-Scan wird ein durch Eckfrequenzen markierter Abschnitt im eingestellten Frequenzraster abgetastet,
- im Speicher-Scan werden alle belegten Speicher abgetastet, auf Wunsch lassen sich markierte Speicherplätze dabei überspringen (SKIP),
- im Betriebsarten-Speicher-Scan werden nur die Speicher abgetastet, die mit einer gemeinsamen Betriebsart gespeichert sind (also nur SSB oder nur FM-schmal etc.),
- im Nummern-Speicher-Scan werden alle die Speicher abgetastet, die mit einer gemeinsamen Nummer (1 – 9) markiert sind,
- im Window-Scan lassen sich zwei Frequenzen alternierend und mit mehr als 40 Kombinationen überwachen,

- ❑ sehr effektiv ist der AUTO-Scan, mit dem belegte Frequenzen automatisch in einen vorgesehenen Speicherbereich eingeschrieben werden.

Besonders AUTO-Scan ist wichtig, um die oft nur sporadischen Aktivitäten innerhalb eines großen Frequenzbereiches herauszufinden: man programmiert den Frequenzbereich und läßt ihn einen Tag lang im AUTO-Scan durchlaufen. Am nächsten Tag weiß man dann ziemlich genau, welche Frequenzen aktiv sind und kann diese separat abspeichern. Sie lassen sich dann im normalen Speichersuchlauf gezielt überwachen. Eine Erleichterung beim Scannen ist die – schaltbare – VSC-Funktion: damit stoppt der Scanner nur auf solchen Kanälen, auf denen auch gesendet wird. Unmodulierte Träger werden dabei übergangen.

Mit der ebenfalls eingebauten Zeitschaltuhr kann der Empfang noch weiter automatisiert werden: sie läßt sich auf fünf Ein- und Ausschaltzeiten programmieren, wobei jeder dieser fünf Timer für jeweils eine andere Speicherfrequenz arbeiten kann. Mit einem auf der Rückseite anschließbaren Cassettenrecorder kann dann auch der Inhalt der Sendung aufgenommen werden. Geradezu unendlich viele Möglichkeiten bietet eine Computer-Ansteuerung, für die das Interface CT-17 (Option) erhältlich ist. Gerade blinde Hörer werden die nachrüstbare Frequenzansage (in Englisch) zu schätzen wissen.

## *Leistungsstark in der Praxis*

Wie führt sich nun diese ganze Herrlichkeit in der Praxis auf? Wir haben den IC-R7100 mit dem IC-R9000 verglichen und dafür sowohl an eine Discone-Antenne als auch an eine Logarithmisch-Periodische Antenne von Create anschließen können. Am meisten interessierte uns dabei der Bereich bis etwa 100 MHz, bei besonderer Konzentration auf die Frequenzen unter 70 MHz. Hier sind ja die vielfältigsten Ausbreitungsphänomene zu beobachten, und hier werden auch große Ansprüche an den Empfänger gestellt. So konnten wir im 10-m-Band der Funkamateure eine sehr gute Empfindlichkeit und eine sehr gute Trennschärfe feststellen, die mit einem Amateurfunkempfänger ziemlich gleichzieht. Allerdings scheint der NF-Teil auf die breiteste Bandbreite – also FM – ausgelegt zu sein und weist deshalb in SSB ein höheres Rauschen als bei einem auf SSB spezialisierten Amateurfunkempfänger auf. Es kann leicht mit einem nachgeschalteten NF-Filter unterdrückt werden. Auf 29 MHz konnten wir allerhand Amateurfunksender hören, die diesen Frequenzbereich vor allem zum europaweiten Klönen mit Leistungen zwischen 100 mW und 50 W nutzen. Von Vorteil ist hier die AFC, da es in diesem Bereich kein etabliertes Frequenzraster gibt und so manch' umgebauter CB-Transceiver auch „wandert". SSB und CW konnten wir weiter auf 6 m ausprobieren, wo die britische Bake GB3NGI (CW) ebenso problemlos wie der britische Funkamateur G4UPS (SSB) zu empfangen war. Weiter ging es im

OIRT-Band, das sich von 68 MHz bis 73 MHz erstreckt und in dem viele Sender Osteuropas senden. Dank der Sporadic-E-Bedingungen fanden wir dort Station an Station – von Ungarn über Rumänien bis nach Rußland. Auch im westeuropäischen UKW-Rundfunkbereich konnten Empfindlichkeit, Trennschärfe und Großsignalverhalten überzeugen, den 20-dB-Abschwächer haben wir niemals einschalten müssen. Auch der Empfang der umlaufenden Wettersatelliten um 136 MHz warf keinerlei Probleme auf. Ergebnis eines langen Praxistestes: wer sich ernsthaft und intensiv für Frequenzen oberhalb von 30 MHz interessiert, für den ist in dieser Preisklasse der IC-R7100 die erste Wahl.

| | |
|---|---|
| GERÄTEBEZEICHNUNG: | IC-R7100 |
| FREQUENZBEREICH: | 25 MHz – 2 GHz |
| BETRIEBSARTEN: | AM, SSB (USB/LSB), FM-breit, FM-schmal |
| SPEICHER: | 900 |
| EMPFANGSSYSTEM/ ZWISCHENFREQUENZ(EN): | Doppel- bzw. Dreifachsuper mit den ZFs 778,700 (25 – 512 MHz) bzw. 266,700 MHz (512 – 1025 GHz) als 1. ZF, 10,7 MHz als 2. ZF, 455 kHz als 3. ZF (außer FM-breit). Der Bereich 1025 MHz – 2 GHz wird durch einen zusätzlichen Quarzkonverter erschlossen |
| EMPFINDLICHKEIT: | 0,2 µV für 10 dB S+N/N in SSB, 1,6 µV für 10 dB S+N/N in AM, 1,0 µV bei 12 dB SINAD in FM-breit, 0,35 µV für 12 dB SINAD in FM-schmal |
| TRENNSCHÄRFE: | (-6 dB): SSB 2,4 kHz; AM und FM-schmal 6 kHz; FM-schmal und AM-breit 15 kHz, FM-breit 150 kHz |
| SPIEGELFREQUENZ-SICHERHEIT: | besser als 50 dB |
| ANTENNEN/-ANSCHLÜSSE: | 1 x N-Buchse |
| NF-TEIL: | 2 W Ausgangsleistung an 8 Ohm, mehr als 1 W in FM-schmal |
| STROMVERSORGUNG: | 220 V |
| ABMESSUNGEN: | B 241 × H 94 × T 229 mm/6 kg |
| PREIS: | unter 2.200,– DM |
| ZUBEHÖR: | Breitband-Discone-Antenne AH-7000, Fernseh-Konverter TV-R7100, drei externe Lautsprecher |
| HERSTELLER: | Icom/Osaka |
| VERTRIEB: | Fachhandel, Prospekte über Icom Europe GmbH, Himmelgeister Str. 100, D-4000 Düsseldorf |
| BEMERKUNGEN/WERTUNG: | hochwertiger, ausbaubarer Spezialempfänger mit semi-professionellen Eigenschaften |

# ICOM IC-R9000

## Der Rolls Royce unter den „Scannern"

Mit einem Listenpreis von fast 14.000 DM – und einem um ca. 4.000 DM darunter liegenden Marktpreis – markiert der IC-R9000 von ICOM High-End-Technik im Empfängerbau. Er überstreicht in seiner internationalen Ausführung lückenlos den Frequenzbereich von 30 kHz bis 2 GHz mit hervorragenden Daten in allen entscheidenden Punkten wie Empfindlichkeit, Frequenzstabilität, Trennschärfe, Großsignalverhalten und Schutz vor Pfeifstellen. Im Mittelpunkt des Gerätes steht der integrierte Bildschirm für die menügesteuerte Bedienung und die Überwachung 50 kHz, 100 kHz bzw. 200 kHz breiter Frequenzabschnitte. Die Verwaltung der 1.000 Speicherfrequenzen geschieht sehr komfortabel durch die Möglichkeit, Speicherinhalte kopieren und verschieben zu können. Jedem Speicher kann eine Notiz von max. acht Zeichen angehängt werden.

Bemerkenswert ist die Betriebsart AUTO WRITE, in der programmierte Frequenzbereiche zyklisch überwacht werden. Liegt Aktivität an, so wird diese Frequenz mit Uhrzeit in einen maximal 100 Speicher fassenden Bereich geschrieben. Dieser Speicherbereich kann dann bequem wieder aufgerufen und analysiert werden. Ist in dieser Betriebsart erst einmal eine Frequenz erfaßt, die auch beim nächsten Durchgang noch aktiv ist (z.B. kontinuierlicher Wetterfunk), so wird zur bereits gespeicherten Frequenz lediglich die neue Uhrzeit eingeschrieben. Damit wird verhindert, daß nur wenige und dauernd belegte Kanäle schon nach ein paar Durchgängen den gesamten Speicherbereich vollschreiben.

Der Empfänger bietet sieben verschiedene Suchlauffunktionen. Bei allen Suchlaufmöglichkeiten läßt sich entweder nach Trägern oder nach solchen Sendern suchen, die gerade Sprache bzw. Musik ausstrahlen (VSC-Funktion). Durch einen digitalen, rauscharmen Synthesizer hat dieser Empfänger mit mehr als 13 Kanälen/Sekunde die höchste Suchlaufgeschwindigkeit. Eingebaut sind Zeitschaltuhr, fünf verschiedene Timer, Störaustaster, automatische FM-Scharfabstimmung (AFC). Der eingebaute Bildschirm läßt sich auch für Fernsehempfang nutzen. Ebenfalls kann er als Video-Monitor für ein externes Modem (z.B. Wavecom W4010) eingesetzt werden. Wegen seiner hohen Leistungsfähigkeit und seiner zahlreichen Ausstattungsmerkmale wie Notchfilter und Paßbandtuning kann der Empfänger für alle erdenklichen Monitor-Zwecke eingesetzt werden und ist auch für den Empfang von Satelliten eine gute Wahl.

Dieser außergewöhnliche Empfänger verlangt natürlich nach einer näheren Betrachtung, zumal er hinsichtlich seiner Technik und Bedienung Eigenschaften aufweist, die wegweisend für zukünftige Empfänger auch einer niedrigeren Preisklasse sein könnten.

## Perfekte Kombination ausgereifter Konzepte

Überschlagen wir dabei aber den Kurzwellenteil und widmen uns gleich dem VHF/UHF/SHF-Modul. Hier sind zwei Antenneneingänge (N-Connector) für die Bereiche 30 MHz – 1 GHz und 1 GHz bis 2 GHz vorgesehen. Zunächst zum Bereich bis 1 GHz, der sich am IC-R7000 orientiert: über schaltbare Dämpfungsglieder durchläuft das Signal vier geschaltete und mittels Kapazitätsdioden automatisch nachgezogene HF-Filter-Verstärker („Tracking Preselector") für die folgenden Frequenzbereiche: 30 – 90 MHz, 90 – 250 MHz, 250 – 500 MHz und schließlich 500 – 1000 MHz. Bis 500 MHz beträgt die 1. ZF ca. 778,7 MHz, bis 1 GHz liegt sie bei 278,7 MHz. Die weiteren Zwischenfrequenzen des Vierfachsupers sind mit 10,7 MHz, 455 kHz und nochmals 10,7 MHz wiederum gleich. Frequenzen über 1 GHz werden durch einen zusätzlichen Quarzmischer erschlossen.

In jeder Hinsicht haben wir es also beim IC-R9000 mit der perfekten Kombination zweier ausgereifter, bewährter Konzepte zu tun: dem Empfangsteil des hochwertigen Amateurfunktransceivers IC-781 und dem Empfänger IC-R7000. Allerdings gibt es hier Rück- und Fortschritte, die doch kurz moniert wie notiert seien: der IC-781 verfügt über eine zweifache Paßband-Regelung, die eine getrennte Begrenzung der oberen und unteren Grenzfrequenzen der ZF-Filter erlaubt. Die einfache PBT-Regelung des IC-R9000 ist demgegenüber ein – gerade für Empfänger – schmerzlicher Rückschritt. Ebenfalls ein Rückschritt ist die Filterkombination des Empfängers: sie weist weder für AM, noch für RTTY und stark gestörtes SSB optimale Werte auf. Zwar sind solche Filter offensichtlich geplant, ob und wann sie erscheinen – auf diese Frage erntete ich bei Icom nach langen Überlegungen nur Schulterzucken. Fortschritte jedoch wurden hinsichtlich der Speicherkapazität (999) und -organisation erzielt. Die Speicher lassen sich nicht nur mit max. achtstelligen Kommentaren belegen, sondern auch verschieben und kopieren. Umfangreiche und praxisgerechte Suchlaufmöglichkeiten ergänzen diesen positiven Punkt. Eine Verbesserung namentlich gegenüber dem IC-R7000 wurde auch hinsichtlich der Frequenzstabilität erzielt. Durch den neuen Referenz-Quarzoszillator CR-228 liegt die Frequenzstabilität über 30 MHz bei +/- 0,25 ppm (Verbesserung um Faktor 20 bzw. 40 gegenüber IC-R7000!). Das sind bei 30 MHz Abweichungen von weniger als +/- 10 Hz. Dieser im VHF/UHF/SHF-Bereich sensationelle Wert läßt die fast um den Faktor 3 (bezogen auf 30 MHz) schlechtere Frequenzstabilität auf Kurzwelle schon recht „alt" erscheinen. Gegenüber dem im IC-781 verwendeten Quarzofen – er hält dort die Frequenz auf +/- 7,5 Hz stabil – ist die Lösung beim IC-R9000 ein Rückschritt. Ob er praktisch ins Gewicht fällt? Wir werden sehen. Wenn es bei den „Innereien" gegenüber den Ursprungsgeräten auch einige Kritik gibt, so sind die Punkte Ausstattung und Bedienung über jegliches Meckern erhaben: sie sind vorbildlich!

## *Bedienung und Ausstattung sind vorbildlich*

Beide Punkte können nicht erschöpfend behandelt werden, deshalb seien stellvertretend nur einige besonders praktische und intelligente Lösungen herausgegriffen:

Die Bedienung erfolgt fast gänzlich menü-gesteuert über den Bildschirm. Dieser läßt sich auch als Video-Eingang benutzen: so kann über den eingebauten TV-Teil Fernsehen geguckt werden, oder es läßt sich beispielsweise der Video-Ausgang eines RTTY-Demodulators wie des Wavecom 4010 hier anschließen. Bei letzterem wird man es allerdings noch bequemer wollen und den RS-232C-Eingang nutzen, durch den sich die Zeichen und die Frequenzanzeige auf dem Bildschirm darstellen lassen...

## *A la carte mit 15 Menüs*

Durch Funktionstasten lassen sich 15 verschiedene Menüs aufrufen, mit denen sich beispielsweise die Speicher programmieren, aufrufen und verwalten lassen, mit denen automatische Ein- und Ausschaltzeiten (Sleep-Timer und sechs verschiedene tägliche Zeitschaltungen) eingestellt werden, sich Suchlaufbedingungen programmieren lassen oder aber auch der Spektrumanalysator zeigen läßt.

Diese Funktion wird wohl am häufigsten benötigt und zeigt wahlweise Bereiche von +/- 25 kHz, +/- 50 kHz oder +/- 100 kHz um die Empfangsfrequenz herum.

Noch zu einigen Ausstattungsdetails, die – trotzdem sie absolute Novitäten sind – sich nur summarisch aufzählen lassen.

Antennenanschlüsse: unter 30 MHz sind zwei von der Frontplatte her schaltbare Antennenanschlüsse – für hoch- bzw. niederohmige Antennen – vorgesehen. Auf der Rückseite des Empfängers kann zudem die Versorgungsspannung für eine Aktivantenne abgenommen werden, die sich automatisch mit der Antennenumschaltung schalten läßt!

VFO-Knopf: Die Schrittweite läßt sich in Stufen zu 10 Hz, 100 Hz, 1 kHz, 5 kHz, 9 kHz, 10 kHz, 12,5 kHz, 20 kHz, 25 kHz und 100 kHz einstellen. Auf Wunsch findet ab 5 kHz eine mechanische Rastung des VFO-Knopfes zwecks einfacherer Einstellung statt.

Aus den vielen Scan-Funktionen sei nur die Auto-Write-Funktion herausgegriffen: innerhalb eines durch Eckfrequenzen festgelegten Bandes werden im eingestellten Raster automatisch alle aktiven, d.h. über der Squelch-Schwelle liegenden, Kanäle in einen separaten Speicherbereich (mit Uhrzeit) eingeschrieben. Anders als beim IC-R7000 erkennt der IC-R9000 auch Doubletten und ändert dann nur die Zeit. So wird dieser 99-Stationen-Speicher nicht mit Dauerträgern aufgefüllt. In diesem Zusammenhang: auf Wunsch wird bei jedem Stop ein externes Tonbandgerät eingeschaltet und – in einstellbarer Lautstärke – die gerade aktuelle Stopfrequenz in Sprache ausgelesen!

Die schaltbare AFC für FM erleichtert sowohl im Amateur- als auch im Profifunk die korrekte Einstellung besonders bei in der Frequenz schwankenden Stationen (1,2 GHz!) außerordentlich.

Es ist kein Schnack, wenn wir feststellen, daß allein die Aufzählung aller Funktionen weit über diesen Rahmen hinausgehen würde. Wer sich für Informationen über reine Funktionen interessiert, sollte zum (englischsprachigen) Icom-Prospekt greifen.

## *Auf Kurzwelle sehr rauscharm*

Der IC-R9000 fällt auf Kurzwelle von vornherein durch das sehr geringe Rauschen auf. Man denkt zunächst, der Empfänger sei unempfindlich. Aber da täuscht man sich, wie wir schnell feststellen konnten. Bei den allerschwierigsten Rundfunkstationen hatte der IC-R9000 in der Mehrzahl (nicht aller!) der Fälle in einem Vergleichstest mit einem anderen Spitzengerät immer die Nase ein klein wenig vorn.

## Fernempfang auch über 30 MHz

Im Bereich über 30 MHz ist die Empfangsqualität fast deckungsgleich mit der des IC-R7000. Allerdings mit ein paar bemerkenswerten Unterschieden: Der SSB-Empfang – beispielsweise auf 6 m – ist spürbar besser als auf dem älteren IC-R7000. Und die 30-kHz-Bandbreite in FM erlaubt beim UKW-Rundfunk-Fernempfang auch noch den Empfang von Stationen, die in Stellung „breit" entweder aus Gründen der Empfindlichkeit oder der Trennschärfe vorher überhaupt nicht empfangen werden konnten. Auch daß ein Fernsehmodul bereits eingebaut ist, versüßt den Empfang mit dem IC-R9000. Der dort eingebaute Bildschirm läßt sich auch zum Betrachten von Fernsehbildern (Taste DISPLAY drücken) nutzen.

Bei unserem Testgerät aber war zunächst ein NTSC-Modul eingebaut, so daß wir Fernsehen auf einem externen Monitor guckten. Und da kam bei guten Sporadic-E-Bedingungen allerhand zusammen: Das finnische und schwedische Fernsehen ebenso wie Italien, Spanien, Rußland und Rumänien in sichtbarer Qualität. Auch im UKW-Rundfunkbereich konnten wir dank guten Großsignalverhaltens und der hohen Trennschärfe einige schöne Sachen „abstauben". Beispielsweise Thessaloniki (Griechenland), Spanien, Italien, Portugal, Jugoslawien, Türkei und als besonderes Bonbon den „Southern European Broadcasting Service", einen 1-kW-Sender für das amerikanische Militär auf – Sizilien!

Enttäuschend allerdings war in diesem Bereich das Panoramadisplay, und das gleich aus mehreren Gründen. Sogar die maximale Sichtweite ist mit +/- 100 kHz zu klein. Hinzu kommt, daß selbst Signale um S4 – und viel stärker ist DX in der Phase des „fade-in" nicht – so gut wie nicht zu sehen sind. Die Darstellung des Spektrums über einen großen Bereich, Zeigen der Sender als Balken und das Sichtbarmachen selbst leiser Signale – das hätte der IC-R9000 vom STANDARD AX-700E mustergültig lernen können.

Hinsichtlich seiner Leistung, seines Preises und seiner Bedienmöglichkeiten ist der IC-R9000 absolute Spitze für den, der aus seinem Hobby einen halben Beruf machen möchte.

P.S. Völlig unverständlicherweise hat die Icom Europe GmbH ihre Deutschland-Ausführung auf nur fünf Amateurfunkbereiche beschränkt, obgleich für Funkamateure eine solche Beschränkung in keiner Weise erforderlich ist und der Empfänger eine Allgemeine Genehmigung für den Nicht-Funkamateur auch bei einem beträchtlich größeren Frequenzbereich erhalten hätte (z.B. 128,5 kHz – 30,3 MHz, 50 MHz – 54 MHz, 70 MHz – 70,4 MHz, 87,5 MHz – 108 MHz, 144 MHz – 146 MHz, 430 MHz – 440 MHz und 1.240 MHz – 1.300 MHz). Dem Vernehmen nach modifizieren allerdings Fachhändler einen IC-R9000 so, daß er der internationalen Ausführung entspricht.

| | |
|---|---|
| BEZEICHNUNG: | ICOM IC-R9000 |
| TYP: | High-End Stationsempfänger |
| FREQUENZBEREICHE: | 30 kHz bis 2.000 MHz durchgehend in der internationalen Version (bei Difona/Offenbach). Die Ausführung von Icom Europe für Deutschland erfaßt lediglich die folgenden Bereiche: 13,95 MHz – 14,5 MHz, 28,0 MHz – 29,7 MHz, 144,0 MHz – 146,0 MHz, 430,0 MHz – 440,0 MHz und 1.240,0 MHz – 1.300,0 MHz |
| SPEICHERPLÄTZE: | 1.000 in 10 Banken zu je 100 sowie zweimal 10 Eckfrequenzen für Programmsuchlauf |
| ABSTIMMSCHRITTE: | 10 Hz, 100 Hz, 1 kHz, 5 kHz, 9 kHz, 10 kHz, 12,5 kHz, 20 kHz, 25 kHz, 100 kHz |
| SUCHLAUF-GESCHWINDIGKEIT: | mehr als 13 Kanäle/Sekunde |
| BETRIEBSARTEN: | SSB, AM, FM-schmal, FM-mittel, FM-breit |
| BANDBREITEN: | 500 Hz, 2,4 kHz, 2,6 kHz, 6 kHz, 15 kHz, 30 kHz, 150 kHz |
| EMPFINDLICHKEIT: | ca. 0,5 – 1 µV für FM-schmal bei 12 dB SINAD Vierfachsuper mit 1. ZF von ca. 48,8 MHz (bis 30 MHz) bzw. 778,6 MHz (30 MHz – 500 MHz) bzw. 278,7 MHz (500 MHz – 1 GHz, darüber hinaus durch vorgeschalteten, internen Konverter) |
| STROMVERSORGUNG: | 220 V, 110 W |
| ABMESSUNGEN/GEWICHT: | B 424 × H 150 × T 365 mm, 20 kg |
| EXTRA-ZUBEHÖR: | u.a. Sprachsynthesizer UT-36 für die Ansage der Frequenz mit synthetischer Stimme und Konverter CT-17 für den Anschluß an die RS-232C-Buchse an einen externen Computer. |
| HANDBUCH: | in Englisch, Deutsch je nach Vertriebsweg |
| PREIS: | ca. 9.000–14.000,– DM |
| VERTRIEB: | Fachhandel, Prospekte über Icom Europe GmbH, Himmelgeister Str. 100, D-4000 Düsseldorf |
| BEMERKUNGEN: | Ohne Diskussion absolutes Spitzengerät in sämtlichen Disziplinen. |

# Combicontroll & Co.

## Lohnen sich Billigst-Empfänger?

Vorzugsweise in Publikumszeitschriften werden immer wieder mit reißerischen Überschriften sogenannte „Überwachungsempfänger" angeboten: Einfache Geräte, mit denen man angeblich alles „Verbotene" empfangen kann, z.B.:

Combicontroll, Space-Controll, Supertech Mark-1, Air Band Multi, Multiband International, etc. zu Preisen zwischen 50,– und 150,– DM.

Die Geräte sind sich alle ähnlich. Sie sehen meist aus wie etwas antiquierte Handfunksprechgeräte und verfügen nur über eine grobe Analogskala. Die eingebaute Empfangstechnik ist einfachster Art.

Die gebotenen Frequenzbereiche sind leicht unterschiedlich, oft gibt es den CB-Funk-Bereich, einen TV-Bereich (bei uns nicht zu gebrauchen), eventuell einen UKW-Rundfunkbereich, die Sprechfunkbereiche 2 m und 4 m und den Flugfunkbereich.

Da die Frequenzeinstellung mit Drehknopf und Analogskala erfolgt, ist es sehr schwierig, gezielt bestimmte Frequenzen/Kanäle einzustellen. Wenn man dann einmal etwas gefunden hat, sind die Empfangsleistungen für den Nahbereich ausreichend.

Kurzum: Ernsthaft am Sprechfunk interessierte Käufer werden keine Freude an diesen Billigst-Empfängern haben. Man sollte doch lieber gleich etwas tiefer in die Tasche greifen und einen vernünftigen Scanner kaufen.

# Leserservice

Der **Siebel Verlag** ist der Spezialist für Sendertabellen und Funk-Hobbybücher. Nachfolgend stellen wir Ihnen einige Bücher vor, die für Sie besonders interessant sein könnten. Zur Bestellung genügt eine Postkarte. Wir liefern sofort mit Rechnung.

## *UKW-Sprechfunk-Handbuch*

**VHF/UHF-Frequenzliste 30 MHz – 400 GHz**

Während sich das vorliegende Buch mit den Empfängern für den UKW-Sprechfunk befaßt, informiert das seit vielen Jahren bewährte „UKW-Sprechfunk-Handbuch" ausführlich über die Funkdienste im UKW-Bereich von 30 MHz bis 400 GHz.

Es enthält alle interessanten Informationen, z.B.: Frequenz- und Kanaltabellen sowie ausführliche Erläuterungen zu den verschiedenen Funkdiensten wie Betriebsfunk, Autotelefon, Behörden und Sicherheitsdienste (BOS), Seefunk, Rheinfunk, Flugfunk, Zugfunk, Amateurfunk u.a. Außerdem enthält das Buch eine Übersicht über die Frequenzzuteilung für den gesamten VHF/UHF-Bereich von 30 MHz bis 400 GHz.

4. Auflage 1991, 160 Seiten mit vielen Tabellen,
Preis: DM 19,80

## *CQ, QRX & Co.*

**Abkürzungen und Codes im Funkverkehr**

Das handliche, alles umfassende Nachschlagewerk, in dem wirklich alle Abkürzungen verzeichnet sind, die im täglichen Funkgeschehen, in Unterlagen, Zeitschriften und Büchern auftauchen. Inklusive der kompletten Q- und Z-Codes.

176 Seiten, Preis: DM 14,60

## *Rechtstips*

**für Funkamateure und Kurzwellenhörer**

Rechtsanwalt Dr. Wendt gibt in verständlicher, flott geschriebener Form Antwort auf alle rechtlichen Fragen, die sich dem Funkfreund stellen können. Einige Stichworte aus dem Inhalt:

Ihr Recht beim Gerätekauf (Gewährleistung u.a.) – Ärger bei Reparaturen – Wer darf was hören? – Wer darf welches Gerät benutzen? – Als Spion verdächtigt? – Umgang mit dem Staatsschutz – Antennenverbote – Ärger mit dem Vermieter/ Rechte als Mieter – Probleme bei Eigentumswohnungen – Satellitenempfang – QSL-Betrug – usw. Auch wer kein aktuelles Problem hat, wird dieses interessante Buch mit Spannung lesen und Nutzen daraus ziehen. 112 Seiten, Preis: DM 15,80

## *Die ganze Welt im Radio*

Auf Kurzwelle können Sie Sender aus fast jedem Land der Welt empfangen – viele davon senden sogar in Deutsch! Zahlreiche interessante Sendungen kommen von allen Erdteilen zu Ihnen ins Haus: Nachrichten aus Montreal, südamerikanische Folklore, chinesische Kochrezepte, Reisetips aus der Türkei, Kommentare und Berichte von überall, Wunschkonzerte, Sport und Kultur. Das „Gewußt wie" des weltweiten Empfangs vermittelt Ihnen unser Buch:

## *Weltweit Radio hören*

Dieses erfolgreiche Buch zum Hobby Weltempfang wendet sich an alle Anfänger. Es ist die ideale Einführung in die faszinierende Welt des Kurzwellenradios und enthält viele praktische Tips zum weltweiten Empfang, Vorstellung der wichtigen Sender, Hinweise auf Sendezeiten und Frequenzen, Empfänger, Antennen und viele nützliche Informationen.

128 Seiten mit zahlreichen Abbildungen. Preis: DM 14,60

# Sender & Frequenzen

**Jahrbuch für weltweiten Rundfunk-Empfang**

Dieses Standardwerk für die deutschsprachigen Welthörer sollte neben keinem Empfänger fehlen – so urteilte die Fachzeitschrift „Radiowelt" über das Jahrbuch „**Sender & Frequenzen**". Es enthält alle wichtigen Informationen über sämtliche hörbaren Rundfunksender aus über 180 Ländern der Erde: Sendefrequenzen, Sendezeiten, Sendepläne, wertvolle Hinweise auf die besten Empfangschancen, Adressen. Weiterhin: Hörfahrpläne der Sendungen in Deutsch, Englisch, Französisch, Spanisch und Esperanto für Hörer in Europa. Außerdem die komplette Frequenzliste der Rundfunksender auf Langwelle/Mittelwelle/Tropenband/Kurzwelle von 150 kHz bis 30 MHz, sowie auch für Anfänger alle Grundlagen und wichtigen Informationen über die Praxis des erfolgreichen Weltempfangs.

**Im Preis inbegriffen: Lieferung von drei Nachträgen** (je 32 Seiten) mit allen up-to-date Informationen im Laufe des Jahres. 496 Seiten, viele Abbildungen, Fotos und Tabellen. Preis: DM 39,80 (inklusive 3 Nachträge).

# Weltempfänger-Testbuch

Das Weltempfänger-Testbuch schafft „Durchblick" im Geräte-Dschungel. Wir sagen klipp und klar, welche Empfänger – für wen und für welchen Zweck – etwas taugen, und welche nicht.

Das Testbuch beinhaltet ausführliche Vorstellungen und Beurteilungen sämtlicher Kurzwellenempfänger. Außerdem viele leichtverständliche Erläuterungen und Erklärungen zur KW-Empfänger-Technik, Hinweise zur optimalen Bedienung und zum erfolgreichen Weltempfang.

176 Seiten im Großformat mit vielen Fotos und Abbildungen. Preis: DM 26,80

## *Spezial-Frequenzliste 9 kHz – 30 MHz*

**SSB – CW – FAX – RTTY**

**See- und Flugfunk, Presseagenturen, Zeitzeichen und „spezielle" Funkdienste**

Das unentbehrliche Nachschlagewerk über die „speziellen" Sender auf Kurzwelle. Über 10.000 Sendernennungen über sämtliche Funkdienste (ausgenommen Rundfunk) mit allen wichtigen Angaben. Anhang: Rufzeichenliste und Adressenverzeichnis. *„Die beste, aktuellste und preiswerteste Frequenzliste ihrer Art."* (so urteilte die Zeitschrift „funk"). 336 Seiten, Preis: DM 34,80

## *Rundfunk auf UKW*

Dieses Buch befaßt sich mit unserem heimischen Rundfunk und gibt einen detaillierten Überblick über alle Rundfunkanstalten und Privatradios. Sie finden darin ausführliche Sendertabellen und eine komplette UKW-Frequenzliste (Deutschland und angrenzendes Ausland) sowie ein Kapitel mit Technik-Tips für besseren Empfang. Damit ist dieses Buch eine große Hilfe für jeden Rundfunkhörer. 176 Seiten, Preis: DM 19,80

## *Leserservice*

Der **Siebel Verlag** ist der Spezialist für Sendertabellen und Funk-Hobbybücher. Ausführliche Informationen über sämtliche von uns angebotenen Bücher gibt der jeweils aktuelle **Funk-Buch-Katalog**, den wir **auf Anfrage kostenlos** und unverbindlich verschicken.

**Bestellung:** Die zuvor genannten Bücher (und noch viele andere) können Sie direkt über den Leserservice erhalten.

**Postkarte genügt** – Wir liefern sofort mit Rechnung. Auch ins Ausland.

Leserbriefe und Bestellungen richten Sie bitte an:

***Siebel Verlag – Leserservice***

Auf dem Steinbüchel 6, D-5309 Meckenheim

Telefon: (0 22 25) 30 32, Telefax (0 22 25) 33 78